王家私人土地

堅強起來，
才不至於
失去溫柔。

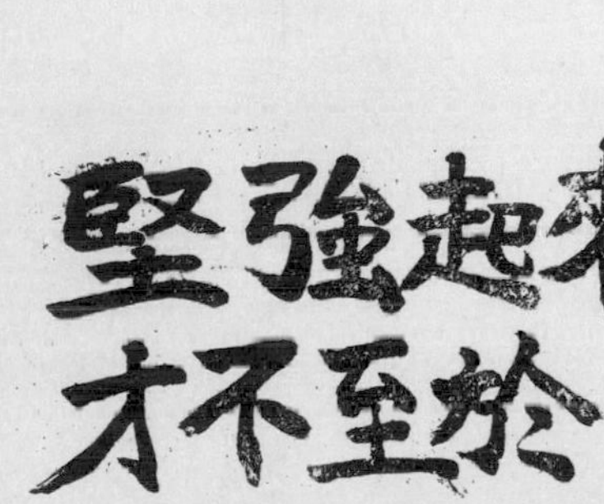

鴨霸都更強拆條款

拆～*
支持居住正義
這裡原本是我家
好好拆

士林王家 都更抗爭告白

這裡原本是我家

王瑞雲 著

停工

200

目錄

格外食在
冬至
市集
格外館@士林王家

烤一塊
麵包讓
你帶回去!

序01

勇敢起來，才不會失去希望

林暉鈞（自由音樂家、翻譯工作者）

「一個人的家，就是他的城堡；風可以進來，雨可以進來，但國王不能進來。」

——威廉・皮特（William Pitt the Elder, 1708-1778）

說這句話的威廉・皮特，是十八世紀的一位英國首相。不過他是誰，其實無所謂；他在什麼脈絡下說這句話，也無關緊要。重要的是，這句話代表了國家對人民所應有的最底限的責任與承諾，那就是保衛人民有形、無形的家。如果它做不到這一點，那人民絕對有正當的理由、有義務去推翻它。

二〇一二年三月二十七日那個夜晚，我和其他三百多個認識、不認識的朋友，一起在士林王家等候天明。緊接著的二十八日早晨，以及之後一連串發生的事件，徹底摧毀了我對國家僅有的最後一絲期待與信任。國家假藉發展之名，運用都更條例、區段徵收、對歷史違建戶的濫興訴訟，在各地掠奪人民的土地，毀壞人民的家園，同時更從根底破壞人們的互信、正義——那些長久以來被我們視為人性與文明的價值。我看見鄰里之間為了看得到、吃不到的大餅（對土地增值的虛幻期待）而互相出賣；我看見警察、公務員為了自保而甘願執行邪惡政策，所流露出的冷血與假無辜。更令人難過的是，在持續多年的努力之後，這場抗爭竟然從內部瓦解，以難以置信的方式失敗，嚴重地打擊了許多長期無私奉獻的朋友。我的日子充滿哀傷與憤怒；我知道很多關心土地議題的朋友，都有同樣的感覺。

就在這時候，我看見了小霙的書。她平實卻又生動地敘說王家一百多年的歷史，回顧這幾年來的抗爭經歷，提醒我們當時為什麼而戰，也道出了抗爭過程中所展現的人性光輝。雖然很不幸的，這場抗爭以失敗收場，但是我們這些來自四面八方的人，卻因為共同的理念，成為互助、互信的朋友；而這樣的情誼，正是所有革命的基礎。

讓我們勇敢起來，永遠不要失去希望。

序02

人民有捍衛家園的權利

施正鋒（東華大學民族事務與發展學系教授）

我生平第一次對於生離死別有強烈的感覺，是小學時阿公過身的時候，他當時就是因為祖厝被拆而悲憤離世的。迄今，我看到好端端的房子硬生生成為瓦礫，總是有莫名的生氣。

老家在台中霧峰的大街，日治時代以來就是熱鬧的地方，由市區往西驅車草屯、南投或是埔里，一定要經過我家。巴洛克的西洋建築，掛著看榜「博愛病院」，旁邊一排小字「東京醫專醫學士施純錠」，這是我還沒有上學就認得的字。當年多少台灣文化協會的成員包括林獻堂曾經來過，見證著台灣的歷史。

小時候，喜歡躺在一進門的長椅午睡。偶爾傳來悅耳的牛鈴，那是荷蘭人引入的黃牛，像是西部片的車隊，載著白甘蔗去糖廠交貨。挑著粉圓擔的壯年人會固定在下午出現，忘不了那涼涼入口的記憶，是現在泡沫紅茶裡大小粉圓所無法取代的。

或許，當時的官員缺乏外環道的概念，說要拓寬道路，老百姓沒有任何道理可說。依稀還記得，洋樓被怪手從屋前狠狠削掉，毫不留情，就好像一個人的臉被刀子由上而下切過，五官全毀。

印象中，被鄉人稱為「阿乖仔舍」的阿公，一個人站在殘破的二樓，不知如何是好，一不小心，跌落一樓，從此臥病在床，再也沒有辦法看診了。醫生找不出究竟為何病故，只好在死亡證書寫上「癌症」。

我知道，那是心病，心已經死了，再活著也沒有意義。經過七七四十九天打桶（停柩），我是大孫，封棺前，握著他風乾的手，看著瘦到剩下骨的臉，淚流不止。坐在轎上，捧著牌位，看不清兩旁的路祭，耳邊是被風吹斷的哀戚西索米音樂，小學生，懂什麼……

三十年後，雲林西螺天主教聖伯多祿堂在一九九五年經歷「拆堂闢路」的苦難，外獨會長廖中山找上我，一起到教廷大使館外面靜坐。台灣人天主教徒本來就少，加上都是台灣教授協會的成員，當仁不讓，而且地點就在當時任教的淡江大學城區部旁邊。最後，大概教宗沒有聽到我們的聲音。

其實，士林王家，以及大埔農地的事件，全民公憤，耳聞已久，只不過，因為議題過於專業，一直不敢表達看法。然而，當學生在下課時跟我說，「老師，士林王家明天要被台北市政府拆掉」，已經忍無可忍，哪有政府充當建商打手的道理？上完夜間部研究所的課以後，立即搭夜車回到台北。

昏睡中醒來，匆匆在臉書上留言，辭去台北市政府顧問以示抗議。沒想到人趕到淡水捷運線旁的王家透天厝，聲援的學生跟老師已經被警察載走。有媒體朋友認出我來，要我表達意見，還真不好意思，因為都更不是我的專業，我只是義憤填膺；原來，食衣住行就是老百姓的生命。

王家被拆後不久，台中市南屯區天主教堂也面對徵收開發的困境，占堂區面積一半的一千三百多坪土地被強行納入，只獲得地上物拆除賠償金額約三百萬元。很巧，堂區神父高福南人稱「巧克力神父」，來自非洲剛果，原先是我們霧峰的神父，當然要情義相挺。

此回，約有三、五千名來自全國的天主教神父、修女，以及教友，前往台中市政府遞交超過兩萬五千人的連署書，控訴重劃會的巧取豪奪不公不義，這是天主教在台灣傳教一百五十年來第一次上街頭。儘管馬英九總統號稱是天主教徒，無濟於事。

當時，我誓言要從學術的角度來了解都更的現象，先是與台大農經系教授吳珮瑛共同撰寫〈政府徵收民地的政治與經濟分析〉，又說服李登輝民主協會主辦一場「土地與政治學術研討會」，拜託關懷社會的朋友共襄盛舉，我自己也寫了一篇〈美國的宗教土地使用——國會的立法與法院的判例〉，最後結集出版專書《土地與政治》（施正鋒、徐世榮主編，翰蘆出版，2013）。

沒有想到，我們位於台北帝寶對面的仁愛教堂也面臨都更的課題。原本在團協會濫竽充數，兩年服務畢業，卻又被選上副理事長。由於建商利用天主教的階層組織，刻意迴避教堂，我只好以戰逼和，才有機會上談判桌。剛好研究休假一年，我花了不少心血鑽研美國

的宗教土地，讀完所有法院的相關判例，這大概是我能力所及；見好收手，以免捲入是非，

可惜教堂再也不能去了。

在這同時，位在台北陋巷的窩也面對都更的威脅。這是夫妻兩個人唯一的不動產，麻雀雖小，頂樓有合法的加蓋可以當書庫。好不容易經過二十年努力營造的家，這兩年因為後面的鄰居想要都更，說要把我們納進去，忐忑不安。與人為善、樂觀其成，卻不能霸王硬上弓，也就是以所謂的「民主多數決」來逼少數者就範。人民的基本權利可以使用投票的方式來攫取嗎？當然不行！是可忍、孰不可忍。

其實，這並非孤立的事件。照說，老舊殘破社區的居民期待政府主導都更，卻是望穿秋水，相對地，建商把目標放在中正區、大安區，擺明就是圈地趕人，大家心知肚明。政府卻以公共利益為由暗渡陳倉，輸送容積率，還自我矮化為拆除大隊，那跟土匪差多少？

更可惡的是一些學者專家或媒體人，動輒以三十年的老屋無法抵擋地震為由，興風作浪、助桀為虐，鼓吹拆屋改建，行徑有如一些民藝古董販子，只要老廟拆了就有好處，哪管別人的記憶？這些接受豢養的幫兇，即使是高級知識分子，只能說無恥之極！

我們知道，從師大商圈到諸多夜市市場，表面上是居民想要維護環境整潔、居住品質，背後主使的不外是指染都更改建龐大利益的不肖建商，特別是至少有一半是中資的港商。

試想，當天龍國淪為中國貪官污吏的小三國之際，原來的住戶多半只好摸著鼻子領錢搬

走，台灣已經在不知不覺中被插上五星旗了。

我佩服王家，有勇氣捍衛自己的權利，尤其是面對官商無情打壓之際，替所有的老百姓站出來。王家的女公子王瑞霙允文允武，願意把自己的經驗分享給大家，特別是對於家族的歷史記憶，彌足珍貴。小蝦米對抗大鯨魚，還有很長的路要走。對於政客來說，這不只牽涉利益，也是面子問題。期待有良心的法官能還其公道，就地重建。(註)屆時，希望能獲賜一塊紅磚做紀念，這是人民勝利的試金石。

【註】本文寫於二〇一四年年初。當年三月，作者的堂弟私自與建商簽下同意書，臨時組合屋被拆，為士林王家抵抗文林苑案強制劃下句點。

序03

不屈不撓的公民力量

詹順貴（律師／台灣農村陣線成員）

近年來，在沒有妥善的配套安置措施下，全台的迫遷驅逐弱勢原住戶的事件，層出不窮。個別單一事件，經媒體報導較為人熟知者，如國立台灣大學之於紹興社區、法務部之於華光社區、國立台灣科技大學之於公館蟾蜍山的農業試驗所與蠶業改良所，以及新北市之於土城醫院預定地原住戶；而系統性假經濟發展、都市計畫或都市更新之名所行的強制徵收，帶來的強拆迫遷更是烽火遍地。在這一波圈搶土地的熱潮中，政府、財團與建商聯手壓迫弱勢人民，固然可恨，但最令人痛心的是，國立大學不僅沒有站出來聲援協助被迫遷的弱勢者，反而有多家國立大學恬不知恥地加入圈搶行列。

苗栗大埔事件，由一群因為反對情感深厚的家園、農田被徵收的當地農民、住戶組成自救會，縱使一般人咸認為人民無法對抗強權政府，他們仍然堅持透過抗爭與司法救濟雙管齊下，化不可能為可能。筆者擔任訴訟律師，透過台灣農村陣線的協助，與全台各地相同面臨徵收處境的農民、住戶所組成的自救會結盟，二〇一〇年的「七一七夜宿凱道」，掀起新一波農民運動。其後續影響包括當時行政院長吳敦義提出「劃地還農」方案（此部分已順利解決）、土地徵收條例因此修正（由筆者代表台灣農村陣線帶領團隊研擬民間修法版本）、陸續有青年返鄉務農、行政院宣示將優先保護優良農地並提升糧食自給率。嗣後，大埔徵收案除農地以外的四戶，遭苗栗縣長劉政鴻藉自救會成員到台北抗議的「天賜良機」，偷襲強拆，又引發一連串「今天拆大埔，明天拆政府」的如影隨行抗議活動（對象包括馬英九總統、吳敦義副總統、江宜樺行政院長與劉政鴻縣長），其中經媒體報導較廣為人知者包括白米炸彈客楊儒門重出江湖前往總統府潑漆、徐世榮教授於衛福部掛牌的抗議、行政院被突襲衝入潑漆拉布條抗議，以及於二〇一三年大埔四戶強拆滿月的八一八，喊出「公民不服從權」的占領內政部運動。台灣農村陣線幾乎是近三年來最令政府頭痛的組織。

以上議題與運動，主要來自農業、農民與鄉村，但都會地區並非風平浪靜，因為有著相同的迫遷性質，打著復甦都市機能、促進公共利益大纛，以都市更新之名，也正在台北市、新北市如火如荼進行著驅貧的吞噬土地活動。而其中最為有名的自然是台北士林文林苑都更案。二〇一二年三月二十八日強拆士林王家，引起各界與媒體高度關注，更讓居住工作於大台北地區的中產階級、底層勞動者極度震驚：曾幾何時，自己的家園只要被建商或都更掮客相中，不管你同意與否，都會被迫參與都更；而且只要都更業者走完行禮如儀的審查程序，即使你堅持不同意，政府仍會替業者強拆你的家園，把你掃地出門。這是過去前所未有的情形，憲法對人民居住權、財產權的保障突然全落了空。

雖然有一段時間，各界震驚，輿論撻伐，但新聞效應冷卻後，金權共犯結構開始反撲：政府開始釋放一些危言聳聽或似是而非的言論，高度仰賴房屋銷售廣告與置入性行銷收入，或與台北市政府關係密切的媒體，也紛紛開始轉向質疑甚至抹黑士林王家。所幸與苗栗大埔案相同，也有一批成員絕大多數不相同的學者、專家與學生始終不棄不離地支持著士林王家。

有一些不明究理的人認為，其他所謂的「三十六戶同意都更戶」，因房屋早已拆除，卻因王家堅持不肯都更而讓他們回不了家，他們才是真正最弱勢或可憐的一群。可惜他們不知道，這三十六戶其實包括了該案的都更業者，以及曾經擔任台北市議會副議長且是郭元益企業的經營者，他們怎會弱勢呢？其他人期待老舊公寓換嶄新大樓，固然無可厚非。但誰才是讓他們期待落空，不知何時可以回家的罪魁禍首？我們應該追究的是：何人與他們簽訂都更或合建契約？何人給他們過度樂觀的錯誤期待？他們將自家房屋的拆除同意書簽給了誰？是士林王家還是都更業者？如果以上答案都是都更業者，那麼試問他們為了要早日回家，卻一味怪罪單純在捍衛自己家園的士林王家，有道理嗎？所謂的同意戶要成就自己的新家，一定非要拆毀王家家園，建築在王家的痛苦之上嗎？即使後來政大張金鶚教授擔任副市長，積極協商都更業者、士林王家與同意戶（有關王家部分，本人全部參與），提出三種明顯不同的解決方案，但同意戶以重新辦理都市更新事業計畫變更設計與審議耗時太久為由，仍堅持不同意把王家劃出都更範圍，卻無視於自二〇一二年三月二十八日強拆王家後，幾乎無止盡的僵持，對同意戶而言，真的能「比較早回家」嗎？是真的自私為了自己可以早日回家而堅持？或其實僅是要與王家鬥一口氣？

同意戶一直納悶、抱怨：為什麼教授、學生以及事件爆發之初的輿論絕大多數都站在王家這一邊？其實只要想想以上問題的答案，原因即可一目了然。筆者是王家於二〇一二年三月初接到台北市政府限期自行搬遷，逾期將強制代為拆除的公文後前來委託，才開始承辦此案。由於王家針對台北市政府核定文林苑都市更新計畫的行政救濟程序已敗訴確定，不得已僅能一面針對代為拆除處分聲請停止執行，一面聲請釋憲。由於行政救濟制度設計對於暫時保全程序本來就非常困難，所以，前者很快被駁回，但雖結果不令人十分滿意，司法院大法官做出的第709號解釋，宣告都市更新條例三個法條有違正當行政程序而違憲，最遲於二〇一四年四月二十六日失效。雖然後來的司法救濟仍不順利，但此案也迫使政府與各界不得不重視研討都市更新條例的制度設計缺失，加上大法官會議釋字第709號解釋的公布，逼使此條例不得不修正（筆者也從參與此案心得提出一份修法版本）。

以上為王家在文林苑都更案堅持捍衛家園的社會貢獻。而台灣公民社會送給王家的溫暖，除了這兩年的不棄不離外，後來此案都更業者以王家「無權占有」當時所有權仍登記在王家名下的自己土地為由，向士林地方法院訴請王家拆屋（臨時搭蓋的組合屋）還地，士林地院判決王家敗訴，並宣告都更業者樂揚公司只要提供新台幣 1756 萬元擔保金即可先行假執行拆除組合屋，如王家要免除樂揚公司的假執行，也需要提供相同金額的反擔保。拿出 1756 萬元，對一家資本額好幾億元的建商而言，易如反掌；但對於原本即屬藍領階級、祖傳房屋又已被拆，土地也動彈不得，要籌措此筆金額，簡直是不可能的任務。這個在二〇一四年農曆年前宣判的判決，立刻讓王家陷入一片愁雲慘霧。所幸，後來公民團體都市更新受害者聯盟發起全民借款運動，繼日日春聯盟於三日內公開替文萌樓募足 330 萬元借款供反擔保後，令人即意外又慶幸，再次於短短十三日內公開募得 1756 萬元借款，顯見公民力量非但並沒有被迫遷，反而逆向成長茁壯。雖然，因為小蝦米無法長期對抗大鯨魚，文林苑案已告落幕，但其捍衛居住權的反迫遷運動香火，仍將持續傳遞下去。

粗略地說，苗栗大埔徵收、四戶偷襲強拆案與士林王家因都更被強拆案，發生地點雖然一城一鄉，但卻都是財團、地方派系結合政府公權力迫遷弱勢人民的經典惡例。筆者有幸同時參與了兩案的司法救濟與社會公民運動，因此見證了台灣公民力量的不屈不撓。欣聞王瑞霙小姐於努力抗爭與孕育第二代之際，仍辛苦地抽空將王家被都更強拆過程的心路歷程與公民力量的點點滴滴撰寫成書，並邀筆者寫序推薦，自是義不容辭，特撰此文鄭重推薦給想徹底瞭解此案的社會有心人與公民。

關於「文林苑」都市更新案，以及王家成員

這是一件位於台北市士林區文林路士林橋、前街及後街一帶的都市更新案，實施者樂揚建設計劃在範圍內興建「文林苑」住宅大樓。王家所擁有的兩塊土地和建物被劃在台北市政府核定的都更範圍，王家對此提出反對，堅持不參與合建。二〇一二年三月二十八日，台北市政府驅離王家人與聲援者，強拆王家兩塊土地上的建物，引發長達兩年的抗爭運動，以及一連串的訴訟戰。王家擁有的兩塊地，即是本書中的「十四號地」和「十八號地」，分別位於士林區前街五巷十四號及十八號。王家兩戶的成員包括：

【十四號地】

王進發（作者的祖父，逝於二〇一一年。）
王清泉（王進發長子，作者的父親，已把所有權過戶給王耀德。）
王瑞霙（王清泉之女，作者。）
王治平（王進發次子，已把所有權過戶給王耀德）
王廣樹（王進發三子，土地所有權人，作者稱「三叔叔」或「王爸」，是實際住在十四號地的王家人。）
王李淑湄（王廣樹之妻，作者稱「三嬸嬸」或「王媽」。）
王耀德（王廣樹之子，土地所有權人。）
王秀鸞（王進發幼女，作者稱「小姑姑」。）

【十八號地】

王楊玉美（王進發之弟媳，作者稱「嬸婆」。）
王家駿（嬸婆長子，作者稱「家駿叔叔」，土地所有權人。）
王國雄（嬸婆之子，土地所有權人。）
王金鳳、王素雲、王素月、王素貞（嬸婆的四位女兒，作者稱「姑姑」。）

⊗ 不參與都更

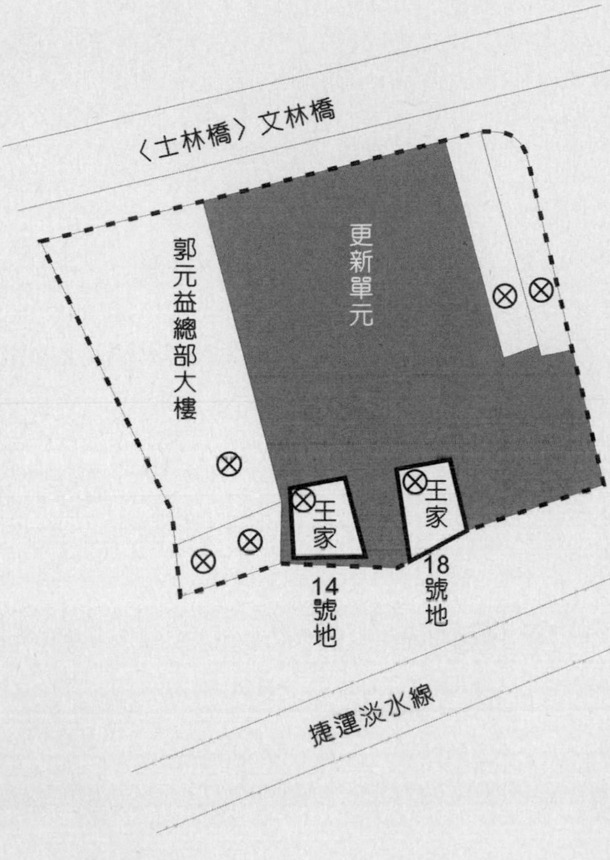

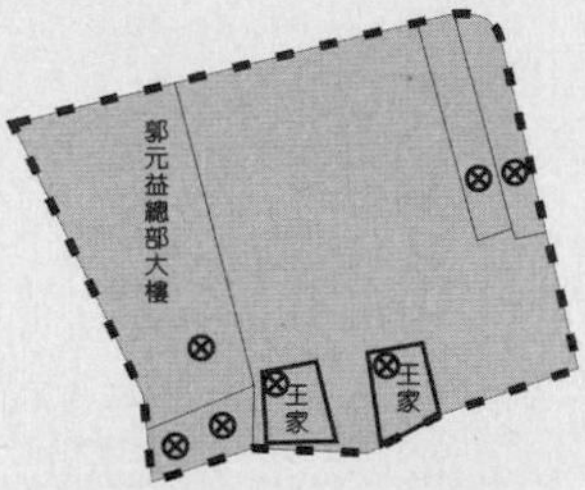

整個街廓劃入都市更新範圍，同意戶57%、不同意戶43%，低於《都市更新條例》所需的門檻。

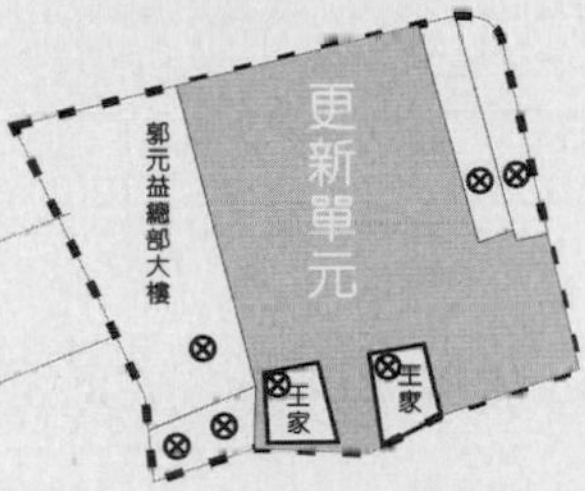

建商排除其他不同意戶後，都更範圍重劃，同意戶91%、不同意戶8.5%，門檻達成，都更案通過。

我把爺爺遺物中的老照片掃描保存，印製成紀念冊子。爺爺離開後的第四十九天，家族成員在老家祭拜爺爺，我把冊子交給家裡的長輩們，裡面盡是家族的故事，以及跟這片土地相連的一切記憶。

當時，都更計畫已在叩門，但長輩們從來就沒有打算賣掉祖厝，一家人還天真地以為，我們真的擁有權力去決定如何處置家族的財產。

第一章：記憶

第一節：爺爺的老照片

爺爺走了

二〇一一年大年初二的清晨，床邊的電話響起，驚醒了我。電話那頭是父親的聲音，他壓抑激動的情緒跟我說：爺爺（王進發）走了。我呆坐在床邊。這一、兩年爺爺一直臥病在床，頻繁進出醫院急診室，主要是貧血與心臟功能的問題，所以常跑醫院輸血。以前我們常開玩笑說爺爺是吸血鬼。

過年前他又住進了加護病房，開始認不了身邊的人，到最後無法進食，只好在他身上插管餵食。他痛苦地抗拒護士小姐把管子插入口腔，在旁邊的我和姑姑都哭了，爺爺的眼角也流下淚水，我只能默默為爺爺祈福，期盼老天可以減輕他一點痛苦。其實爺爺的身體已非常虛弱，狀況很不樂觀，我們應該要有心理準備，只是我一直逃避，無法接受死亡；因為爺爺是我們家族的精神中心，看著這支柱就要跨了，我們該怎麼辦？

回到爺爺的居所，家族成員全部到齊了，躺在臥房床上的爺爺，身體已蓋上黃布，母親與嬸嬸輪番為爺爺念經，受到驚嚇的奶奶被安置在離房間較遠的餐廳。母親說為了爺爺好，我們不可以哭，這樣爺爺才不會對我們有所罣礙，可以安心走入另一個世界。我選擇不看爺爺最後一面，呆呆望著爺爺失溫後沒有血色的腳底板，唯有這麼做才可以強忍淚水，自我催眠說爺爺只是睡著了，他還在。

爺爺是受日本教育的台灣人，生活在日治時期與國民政府的轉換年代。他是家族的長子，底下還有一個弟弟與五個妹妹。爺爺的父親（我的曾祖父）是一位菜農，在士林老家後方有一大片菜圃，曾祖父就是靠這一大片土地種菜養活一家老小。愛念書的爺爺為了擺脫種菜、賣菜的貧苦生活，發奮考進「台北商工專修學校」（也就是現在的大安高工前身），畢業後進入銀行就職（株式會社台灣銀行），之後與淡水麵店老闆的女兒相親結婚，結婚後育有三男一女。

爺爺在世時常常提到他們以前在老家的生活。為了想要了解更多士林老家的生活點滴，我決定從爺爺的相簿裡開始找答案，透過爺爺的相機鏡頭拍攝的老照片，探尋父親的童年，以及爺爺奶奶年輕時的生活。

我想重新探索士林老家的故事。

走過一甲子的泛黃相本

辦完喪禮，回到爺爺居所。爺爺的書櫃裡最多的是旅遊、宗教、命理書，還有許多名人的自傳，最珍貴的是他在日治時代高職的教科書。以前我帶一位日本友人來拜訪爺爺，看到這些教科書時，友人激動表示這些書本在日本只能在博物館才能看到，沒想到爺爺保存得這麼好。

喜歡攝影的爺爺，在我爸小時候就買了一台單眼相機。書房角落有專放相本的櫃子，打開泛黃的兩本手工相本，全部是黑白照片，這裡裝滿家族成員的成長記憶；由於年代已久，每一頁如風化的落葉般脆弱，一個不小心相本就可能解體。打開相本，同時也勾起了我兒時的記憶——爺爺曾經拿著這兩本相本跟我說故事，說他的求學歷程、當日本兵的回憶（他以前是衛生兵），還有說他與奶奶相親結婚的故事，再說到如何養育四個小孩，以及爸爸小時候的糗事。爸爸是家族裡的長孫，所以長輩最疼他，被打得最慘的也是他，這就是傳統家族的教育方式，第一個小孩往往被期待成為弟妹的榜樣，也因此造就父親總把所有事都攬在肩上的性格。

爺爺教育我們最重要的是兄友弟恭，家人再吵架最後也要團結在一起。為了培育我們這些小孫子們的全能發展，過年時爺爺就像學校老師，辦一系列比賽來考我們，比賽內容以才藝為主，有唱歌、畫畫、寫書法、跳舞、作文，考我們的反應與表達能力，最後會在除夕當天頒獎，還有摸彩，非常有趣。

爺爺痛恨賭博，有一次過年時家族聊天我才得知其中原因。爺爺的父親因為好賭，把一大片家產一塊一塊賣掉，而爺爺只好再花錢把地買回來，但終究敵不過敗家的速度，後來只剩下現在這小小的一塊地。爺爺為了守住這個祖傳的家，付出很多。後來我家捲入都更事件時我才知道，現在的士林捷運站一路到老家這一帶，以前都是王家祖先的地，因而才更能體會爺爺的心情。「拒賭」是我們的家訓，這種切身之痛只有賭徒的家人才可以體會。

爺爺相本裡的主角幾乎都是他最珍貴的家人，從爺爺的鏡頭，我看到了無緣見面的曾祖父，以及生在清朝年代的曾曾祖母。

曾曾祖母是爺爺的奶奶，她是清朝時代土生土長的士林人，出生有錢人家所以從小就開始裹小腳，由於她年紀很大而且有點駝背，父親都稱她為駝背曾祖母。她對奶奶很好，以前奶奶常常跟我說，雖然爺爺有穩定的工作，但每次小孩生病而臨時籌不出錢看醫師時，曾曾祖母就會把我奶奶叫到房間裡，把她藏在褲頭鬆緊帶內的錢幣一張張擠出來，把這些存著體溫的錢拿給奶奶，等爺爺月初領到薪水再連同利息還給曾曾祖母。

爺爺的相本記錄家裡的大小事，例如家裡第一台黑白電視機、送給孩子們的第一台腳踏車、小孩們手上的第一個手錶，這些在當時是很新潮的。相片還記錄著大家走一天去掃墓的路程，在影像中我看到早期的台北城，猶如時光倒流一樣看著牛車行走的黃土大道，兩邊是大片的稻田，而這竟然是台北市的街景。我看著時空變遷的街景，發現開始愛上了相片中的時光，遙想著那時候的人情味、以及家的溫暖。

為了安撫大家傷痛的心情，我決定將這三本黑白相本電子化處裡，掃描後印成小冊子分送給爺爺的四個孩子與奶奶，希望能把爺爺對家人的關愛繼續保留下來。在士林老家給爺爺做最後一次七的祭拜之後，我將冊子交給父親、叔叔們還有小姑姑時，看到他們開心的表情訴說著兒時的故事，我再次感受到爺爺並沒有離開我們，因為他就活在這些六十多歲的孩子身上，奶奶看了相本，也開心起來了，這時家族成員的向心力因為這相本而變得更堅強。

當時，都更計畫已在叩門，但長輩們從來就沒有打算賣掉祖厝，一家人還天真地以為我們真的擁有權力去決定如何處置家族的財產。

長輩的記憶拼出家的樣貌

士林老家原來到底是什麼模樣，我們在當時還沒被拆的家裡，爸爸、叔叔們和小姑姑七嘴八舌講著以前老家的樣貌，勾起我的好奇心。記得我只在小學時去過幾次士林老家，印像最深刻的是曾祖母過世時我們回去奔喪，那是一個冬季的濕冷夜晚，父母在車上問我要不要見曾祖母最後一面，我拒絕了。這是我第一接觸死亡，還無法接受親人穿著往生者的服裝，那看起來一定是陌生又恐怖，我望著窗外看著灰灰古厝，紅瓦屋頂在夜裡格外冰冷。士林老家旁邊就是鐵路，屋外不時傳來火車駛過的聲音，這就是我對老家的記憶。

為了徹底了解士林舊家的樣貌，我決定訪問父親、叔叔們、小姑姑對家的記憶，慢慢拼湊出具體的家的樣貌。第一輪我繪製出初步平面圖，畫出老家附近的水池、鐵軌、菜圃田、給水區、養雞區等周邊環境，但居住空間的內部格局卻因長輩的年紀不同，記憶片段有些差異。經多方確認，再跟爺爺留下的照片做交叉比對，我終於完成「家」的平面圖。

老家外的圍籬是用竹片交叉編織成的，這種防君子不防小人的圍籬，是當時常見的建材。圍籬內的庭院是孩子的遊戲天堂，飼養著會生蛋的母雞，還有被關在竹編雞籠的小雞；葡萄架結滿果實，門口左邊有紅磚砌成的焢窯架，還有以三角形紅磚圍起來的小巧花圃，種著奶奶最愛的玫瑰花。大門旁還有叔叔難忘的紅心芭樂樹、柚樹，菜圃除了大片的

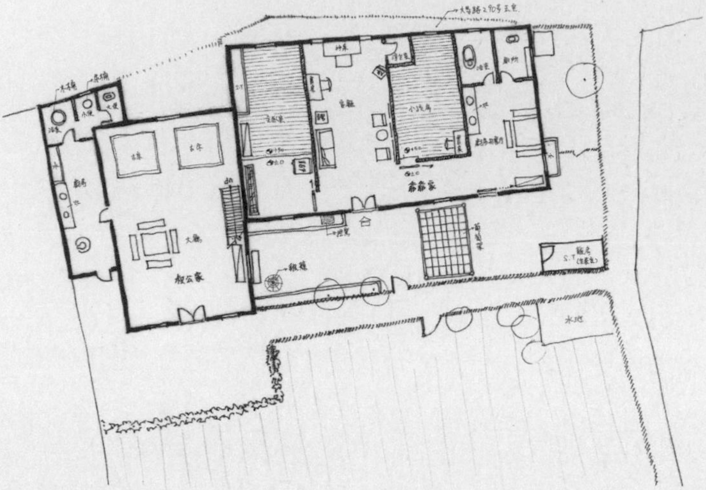

1.

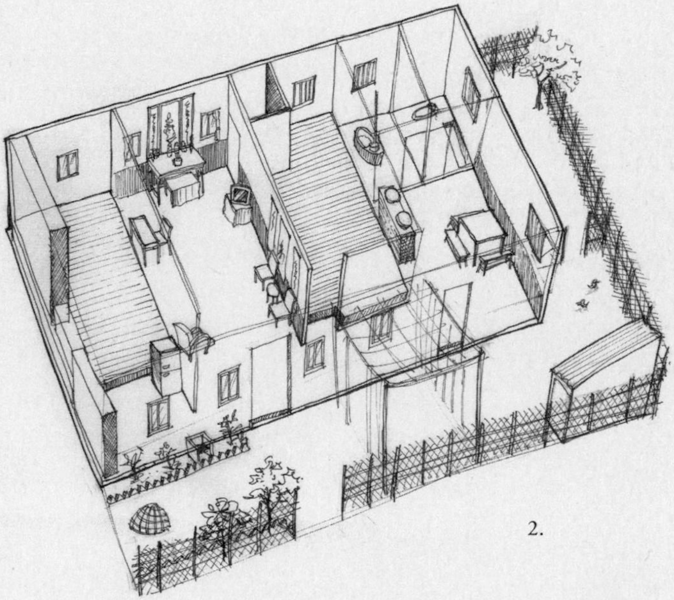

2.

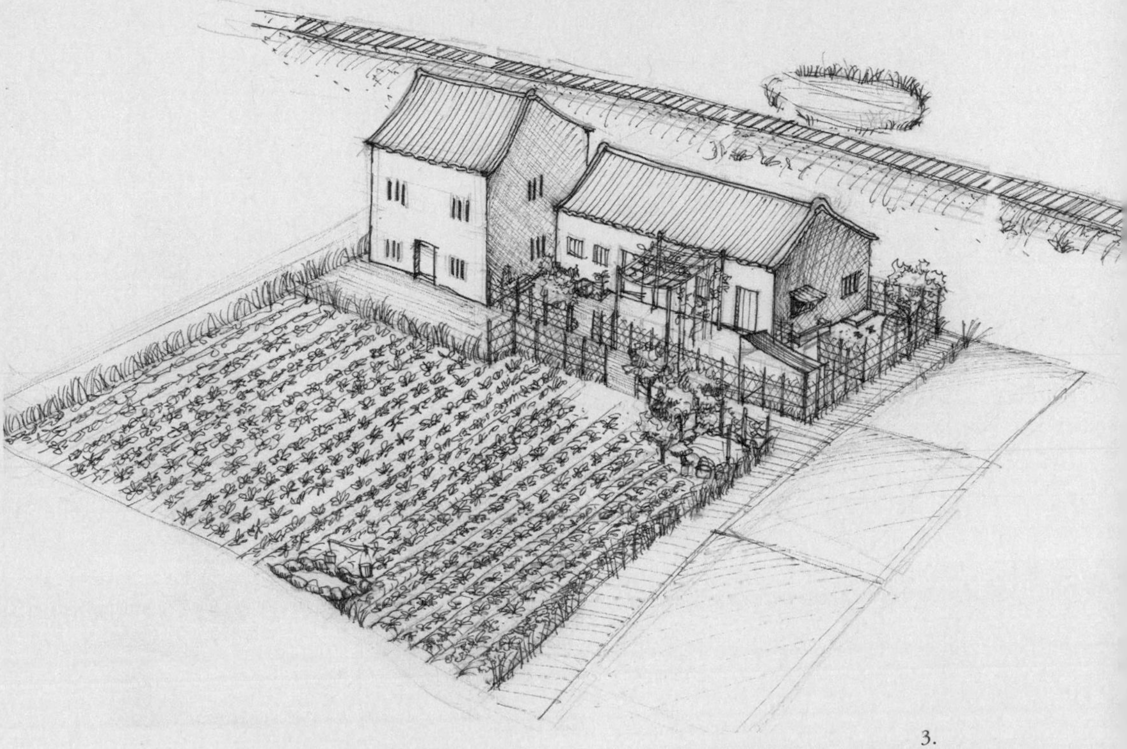

3.

1. 老家當年平面圖。／王瑞霙繪製
2. 老家的等角透視圖。／王瑞霙繪製
3. 兩戶王家古厝示意圖。／王瑞霙繪製

菜園之外還有桂花樹和桑樹，爺爺與奶奶就是在充滿綠色景觀與自然花香的環境下孕育下一代。

早上奶奶會準備稀飯餵飽家人，然後送走上班的爺爺和上學的三個兒子，年幼的小姑姑留在家裡，獨自一人在庭院玩耍或是鬥鬥小雞。奶奶有時會跑去與隔壁的妯娌（爺爺的弟媳，也就是十八號地的王家嬸婆王楊玉美）聊天串門子。小孩放學、爺爺下班後，小孩在客廳與臥室寫功課，奶奶則用當時常見的紅磚砌成的爐灶煮飯。與餐桌一牆之隔，有個集水池，為了取水方便所以在牆上開了一道窗戶取水，這是生活用水的來源。

有趣的是浴室，在那個沒有熱水器的年代，他們用大木桶洗澡，桶內有一個隔板，在隔板內燒炭並在上方拉出排氣煙管，運用炭火隔水加熱就可以洗熱水澡，非常方便。浴室旁邊是廁所，靠門的牆面是一條像水溝一樣的小便區，直接流到屋外化糞池，另外一邊有蹲式馬桶。我好奇的是，以前住宅的廁所位置如此接近廚房和餐廳，不知道廁所的異味會不會影響食慾。

用完餐大家會在客廳看電視，客廳空間的規劃很多元，除了神桌之外，還有書桌、單椅沙發、大同電視機、大同電扇，牆面還掛著大幅爺爺師父的書法字。神桌旁還有一間密室，是爺爺靜坐修行的空間，只有我父親記得有這間小房間。

爺爺奶奶的臥房在客廳的左邊，房內放著當時很稀有的大同冰箱，臥室擺設偏日式風

1.

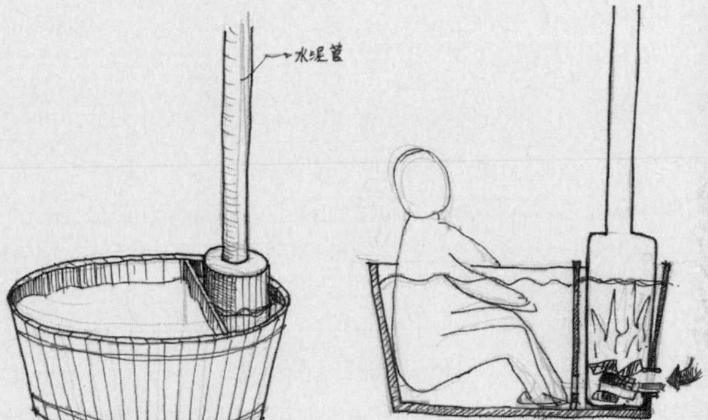

2.

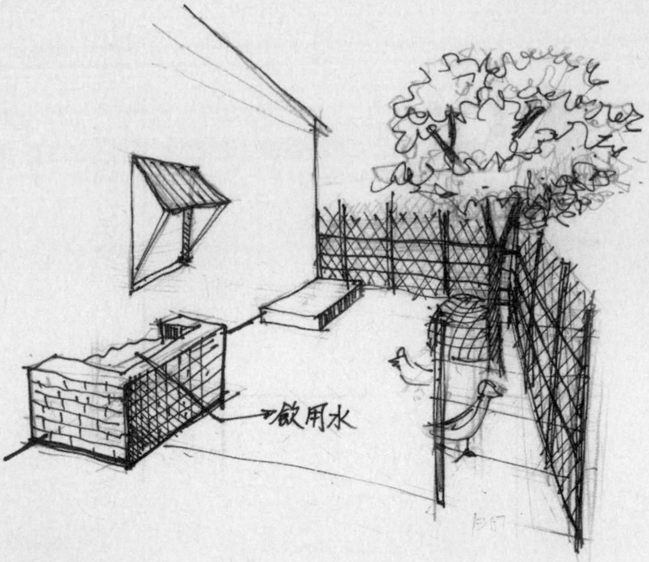

3.

1. 廚房餐廳示意圖。／王瑞雯繪製
2. 浴室隔水加熱的木桶。／王瑞雯繪製
3. 廚房外的飲水池。／王瑞雯繪製

格，加高地板區隔活動與睡眠的空間，牆上有和式拉門，裡面是收納被子的空間，外加幾個簡單的斗櫃，從此可知爺爺是相當崇日的。據說懂得享受生活的爺爺也時常跟奶奶晚上私下約會去看電影，他們會用日語溝通，以為孩子們聽不懂，但鬼靈精怪的老爸說，當時聽久了其實也都知道他們在講什麼。爺爺奶奶的感情很好，偶爾兩人約會，或許就是他們維持夫妻甜蜜關係的方法。

1.

2.

3.

1. 家裡第一台大同電視機。／王進發攝
2. 王家三兄弟在自家院子摘芭樂。左邊是我爸，樹上的是三叔，右邊是二叔。／王進發攝
3. 一家人在客廳看電視。／王進發攝

1.

1. 王家四兄妹在家門前的菜圃合影，前起老二王治平、老四王秀鸞、老大王清泉（父親）、老三王廣樹（住在十四號地的王爸）。／王進發攝
2. 年幼的小姑姑獨自一人在家門口鬥雞。／王進發攝
3. 爺爺在家中請客。／王進發提供

2.

3.

鐵路後花園

老家後面的北淡鐵路是台灣第一條鐵路，在一九〇一年全線開通，住在鐵路旁的居民都要忍受火車經過時的噪音，但這條鐵路卻勾起我父親與叔叔難忘的童年回憶。老爸與差三歲的二叔常偷偷搭上經過屋後的火車去淡水的外婆家玩，以前的火車速度不快，所以兩兄弟就會在鐵軌旁等火車，看見遠方出現黑黑的濃煙時，頑皮的兄弟倆便準備好奮力跳上火車。比老爸小六歲的三叔因為年紀太小無法跳上火車，所以不得跟他們一起去玩，因此三叔常在家與年紀最小的小姑姑玩，或是在鐵路旁的小池塘抓蝌蚪。

有時老爸會獨自一人沿著鐵路走到淡水，

1.

2.

3.

1. 爺爺在日治時代就讀台北商工專修學校時的學生照。／王瑞雯提供

2. 爺爺與株式會社台灣銀行的職員合照。／王瑞雯提供

3. 爺爺奶奶的結婚照。／王瑞雯提供

這一條鐵路的末端在老爸的眼裡代表著通往另一個家的終點，那是奶奶的娘家淡水。

奶奶在日治時代是三和自動車公司的車掌小姐，經由相親認識株式會社台灣銀行上班的爺爺。相親前一天，爺爺故意提早一天偷偷去看奶奶，因為他想觀察奶奶沒有特意裝扮時的模樣，但奶奶也不是省油的燈，怎麼說也不要相見，覺得爺爺太奸巧。最後兩人透過奶奶閨房小小的窗戶看到了彼此，默默產生好感。

這樣媒妁之言的婚姻維持了七十幾年，奶奶在爺爺過世的

1.

1. 當時的台北街景。／王進發攝
2. 爺爺年輕時代的士林火車站一景。／王進發攝

同年農曆七月也離我們而去。

有人說感情好的夫妻會在一年之中相繼離開，而我們家人卻要在一年內忍痛辦兩次喪禮，內心感覺好空洞，但或許爺爺奶奶兩人已脫離人間病痛之苦，相伴雲遊四海去了。

2.

第二節：小姑姑回憶老家的日常

奶奶的一日生活

與我父親年齡差七歲的小姑，敘述著學齡前的生活記憶。一大早奶奶就忙著煮稀飯讓爺爺與在學的三位哥哥吃了出門。爺爺的早餐偏愛稀飯，這習慣一直沒變，以前跟爺爺一起用餐時，他有時還會在稀飯裡放一些赤砂糖攪和著吃，小時候的我還以為吃稀飯就要加糖，後來才知道因為爺爺愛吃甜食，連葡萄柚都要沾著糖吃。

奶奶送走家裡的男生、洗完衣服與家事之後，便會帶著小姑姑去市場買菜。以前的菜市場在士林夜市附近，從家裡出發一路上經過士林國小、士林紙廠之後就到了，在小姑姑記憶裡這條路很長，畢竟當時她只是個四、五歲的小孩。奶奶非常重視小孩的飲食健康，尤其是正在發育中的小孩，這可能與奶奶娘家做的是小吃店的生意有關。在當時物資缺乏的年代，奶奶常買魚給孩子吃，如海土虱魚、魟魚等等，特別的是，她時常煎魚蛋給小孩吃，把魚蛋煎得「恰恰」的，那香味實在令人口水直流啊！

下午，住在後街的遠親偶爾會背著裝有舶來品的箱子，到家附近賣化妝品，奶奶喜歡跟他買旁氏面霜。這種到府兜售商品的服務現在比較少見了，當時人與人之間透過這種模式建立關係、交流訊息，感覺比現在踏實多了。

孩子放學時間，前街就會出現許多流動小攤販，有騎著三輪車回收破銅舊錫的攤販，用空鐵罐可以換一串麥芽糖，也有爆米香的車子，可以拿自己家裡的米請他爆香，這種視覺、聽覺和嗅覺的戲劇性震撼，常常吸引許多小孩圍觀；要開爐的時候，看到一群孩子摀著耳，既期待又害怕的神情，老闆得意地喊一聲「要爆了！」蹦一聲，香味四起，看著乾乾扁扁的米一下膨脹開來，空氣中飄著陣陣米香味，可以選擇用麥芽糖做成一塊塊的爆米香餅，或是把爆好的米帶回家用熱水與奶粉攪和著當一餐吃。

下午點心還有麵茶、大湯麵和碗粿，奶奶的麵茶是自己炒的，先將紅蔥頭與豬油一起炒香之後再加入麵粉炒出香氣，成了淺褐色的麵茶。她把炒好的麵茶放入乾淨的罐子裡，要吃時便舀幾勺到碗裡，加入熱水攪拌成膏狀，就是可口的下午點心。

當年奶奶經常買溪蝦回來做成蒜頭蝦，攤販用芋頭葉來打包蝦子，再用草繩綁成一長串，回家後用米酒、蒜頭、鹽巴醃一醃就是美味的一道菜。每當換季時是奶奶最忙碌的時候，尤其是冬天，奶奶必須準備許多進補的食材，先去中藥鋪抓十全補藥，再從院子裡抓一隻雞處理完後一起燉煮。過年前，她和爺爺去重慶北路圓環附近的肉店買做香腸的材料，在等待的同時，爺爺喜歡在附近店家吃蛇肝，順便補補身體；回去後奶奶把自製香腸掛在窗邊風乾幾天，所以過年前在王家便會聞到陣陣的香腸香。

現在前街附近的郭欽定紀念大樓（法務部行政執行署士林分署）以前是製冰工廠，而靠近文林橋的轉角處是郭元益的發跡老店，爺爺與阿定（郭欽定）是熟識，郭欽定先生是郭石吉先生的父親，所以小時候每到中秋節我們都回去老家訂購士林郭元益的綠豆沙，但強拆之後我們就不曾去光顧這家店了。

小姑姑回憶說以前每到七月半時，在家裡就可以聞到郭元益烘培糕餅的香味，這香味從他們的店面後方飄過我們的菜圃田，在屋內都聞得到，奶奶會跟

1.

他們買糕餅來拜拜；不同節慶他們後廚房都會傳來許多糕餅香味，到了年底奶奶也會到他們店裡買「發角」做發糕。那時候，鄰里關係非常緊密，因為生活所需，大家都會彼此包容與幫忙。

民國五十二年，台灣受葛樂禮颱風影響，整個大台北地區因海水倒灌而大淹水，那是小姑姑小時候，士林老家頓時變成一片汪洋大海。當時老家只是一樓平房，為了避難，爺爺一家六口只好到隔壁的吳姓鄰居家二樓躲避水災，等水退去；家裡牆壁上還殘留著水痕記錄著這個事件。這些珍貴的片段回憶都與家有關。

2.

1. 菜圃後方是老家與葡萄架，奶奶與四個小孩和一隻狗合影。／王進發攝
2. 奶奶與小姑姑在屋外的玫瑰花圃合影。／王進發攝

假日休閒活動

喜好戶外運動的爺爺，一有空就會帶著一家人出去爬山或去海邊玩水。每當假日，他會帶著還在念書的父親、叔叔們與小姑姑去爬芝山岩，一早從士林老家出發往後街方向慢跑，跑過河堤與小路直到芝山岩；到了山上小孩們在樹上抓昆蟲，爺爺則打太極拳練身體；小姑姑說，這樣的爬山行程就花掉半天時間了。春天到了，他們會坐公車上陽明山賞櫻花。

暑假期間，爺爺經常帶孩子們回奶奶的淡水娘家玩水，當時的海邊沒人管理，那地方後來叫沙崙海水浴場，但在一九六六年小姑姑十五歲左右時，發生鯊魚出沒事件，海水浴場一度關閉，所以他們在現在

的淡水情人橋附近的沙岸游泳戲水，或是在淡水往金山一帶的岩岸海域撿珠螺。在海邊曬了一天，回到奶奶娘家沖澡清洗身上的海沙，再來一碗外曾祖父做的剉冰消消暑，餓了就自己煮擔仔麵吃，這是小姑姑與父親最快樂的兒時回憶。晚上回到家裡，奶奶在廚房用熱水煮剛撿回來的珠螺，孩子們以新鮮的蛋清敷身體，因為在海邊曬了一整天，到了晚上身體開始紅腫，而蛋清有消炎的效果；幾天之後，皮膚由紅轉暗，最後就會脫皮。

我的國小童年也一樣，到了夏天爺爺常集合大家一起去海邊玩水撿海螺，奶奶前一天煮好一大桶酸梅湯，倒在保溫桶裡，還有一個行動塑膠冰桶放著許多飲料如冬瓜汁與冰凍寶特瓶水；我們這些小孫子負責玩水，大人帶著斗笠在岩石上撿螺，到了中午，我們吃自製的海苔壽司與冰涼的酸梅湯，感覺非常滿足與快樂。

奶奶的娘家

奶奶的娘家在淡水，她的父親（我的外曾祖父）在淡水開麵攤賣小吃。外曾祖父年輕時在台北延平北路的江山樓大酒店當廚師，後來返鄉自己開了「阿源小吃店」，店內的所有食材都是他手工製作的，如魚丸、滷肉片、麵的湯底等等。讓小姑姑與父親叔叔們最難以忘懷的，是外曾祖父做的手打魚丸，還有招牌擔仔麵，蓋在麵上香噴噴的滷肉片更堪稱一

爺爺帶著一家人與友人在淡水海邊玩水。／王進發攝

絕，那是將五花肉浸泡在「鬼頭牌醬油」滷上好幾個小時後的成果，熱騰騰的擔仔麵放上幾片滷肉片，如畫龍點睛，可以讓人吃上好幾碗。可惜後來由奶奶的弟弟（舅公）接手之後，味道就沒那麼道地了。到了夏天，他們也會賣涼品，例如愛玉冰、四果冰、紅豆湯、可爾必思，這麼誘人的小吃店，難怪父親他們小時候三不五時就跑去淡水玩水，順便大飽口福。

在日治時代，奶奶十三、四歲從學校畢業後的第一份工作是「三和自動車」的車掌小姐，她服務的公車以淡水到金山萬里的路線為主，久了自然就跟當地居民混熟，所以奶奶常收到金山萬里居民送的土產禮物。車掌小姐的中午吃飯時間需回公司用餐，奶奶的便當是外曾祖父準備的，比其他同事的便當更香，特別好吃，所以常常有同事趁她還沒回來時偷吃她的便當，或是想跟她交換便當品嘗大廚手藝。在公司吃便當是一件讓奶奶覺得困擾的事。

小姑姑剛學會走路的時候，爺爺帶著全家回奶奶的娘家

1.

2.

3.

1. 爺爺相本中的淡水一景，攝於大約民國五十年。／王進發攝
2. 奶奶（右五）與公司同事合影，攝於大約民國三十年。
3. 奶奶穿著公車車掌小姐的制服。

玩，剛好遇到清水祖師廟正在辦踩街活動，非常熱鬧。奶奶帶著小姑姑去看熱鬧，結果人潮太多小姑姑不小心走失了，大家心急如焚到處找人，最後還請人用打鑼的方式沿街詢問，後來有一位婦人帶著小姑姑回來，原來是她認錯人所以才會走丟。奶奶講起這意外插曲，還可感受到她的緊張，因為當時常有人把小孩拐走之後弄成殘廢，再讓小孩去街上乞討為他們賺錢，幸好當時小姑姑平安回來。

清明掃墓

小姑姑的記憶裡，小時候每年清明掃墓都覺得很辛苦，因為那要花上一天的時間走路。王家祖先有三個姓氏，王、徐、邱，原由已無法考證，祖先墓園分散在陽明山、外雙溪和士林官邸後山附近，每一年爺爺會帶著一家人與住附近的徐姓遠親相約一同掃墓。

出發前，奶奶提早一天為家人準備一整天的食物，如手捏白飯糰再沾一點鹽水，因為飯糰沒有餡料，有一點鹹味比較好入口。奶奶也做豆皮壽司，先去豆腐店買半成品的豆皮，浸泡在糖水裡醃製，再把糖與白醋加進白飯攪拌均勻備用，然後把醃製好的方形豆皮對切成三角形，並從中間剝開成口袋形，塞入拌好的醋飯，這就是我兒時常吃的手工豆皮壽司。

一切就緒後，隔天一夥人大清早便從士林出發，一路都是用走的，因為當時公車路線與

家人在墓園裡除草。／王進發攝

班次都不多。小姑姑已不太記得當時的確切路線，只是大概記得是從士林出發，先到陽明山的兩個墓園，之後再走到外雙溪，從現在東吳大學旁的一條無名小路上山。說是小路，其實路上雜草比人還高，連爺爺都不清楚要如何進入；此墓園是徐姓墓園，所以需要靠徐姓遠親帶路，但因位在士林官邸後方，要進入墓園需經過層層管制，還要出示戶口名簿換取通行證，戒備森嚴。這是小姑姑小時的掃墓印象，到了我父親這一輩，就再也沒去那裡掃墓了。

說到陽明山上的兩個墓園，當時其中一個墓園附近原本就有民宅，另一個墓園周圍則沒有住家，後來鄰近的土地蓋了大有巴士老闆的別墅，所以我有記憶以來，每一年清明節到陽明山上，都要在別墅的高聳鐵門外按門鈴，請屋主開門讓我們進屋掃墓。別墅裡有電影裡頭才看得到的小型游泳池與噴泉，墓園在別墅的後方，而這一條參觀豪宅的路徑對兒

時的我而言非常新奇。

後來別墅主人想要向爺爺購買墓園這塊土地，但被爺爺拒絕了，畢竟這是清朝以來的祖先墓園，這塊土地具有象徵意義，爺爺對土地也有非常深厚的感情。每年我們要掃墓，都要打擾別墅的主人，或許讓他們覺得困擾，幾年之後他們把墓園和他們的土地用高牆隔開，高牆上還架著蛇籠，並且在別墅圍牆的側邊開個小門讓我們進去掃墓，不用再經過他們的院子。高聳的圍牆與小門形成強烈對比，因為坡度落差，我們只能踩著狹小的階梯走到小門前，極為不方便，也不安全。

另一個位在陽明山的墓地，周圍土地後來成為民居的菜園，一旁還有青綠的竹林相伴，前方有一大片遠山，景色宜人，不像在大有巴士別墅裡的墓園，如同囚禁在高牆裡，無法脫困。

當時他們從仰德大道上山，相當耗體力。到了墓園，男性族人用鐮刀除去墓上與附近的大小樹木和野草，其他人則戴上手套開始在墓坵上方拔草，然後為墓碑脫落的碑文重新描上紅漆，再用長方形五色「壓紙」以手掌大的石頭壓在墓坵與墓碑上，象徵後代子孫為祖先添新瓦修理房子。比較老的墓地沒有水泥矮牆，我們撿來附近的石頭把墓坵圈圍起來，完成之後大家點香祭拜，並把香插在墓碑與前方石縫之間。等待的時間，我們一邊觀賞眼前的陽明山美景，一邊聞著濃濃的溫泉味，這是非常特殊的掃墓經驗。

1. 家族一起掃墓後返家的路上，左起是姑姑、奶奶、嬸婆。／王進發攝
2. 左起是二姑姑（嬸婆的女兒）、徐志潤叔公、徐志潤叔公的弟弟、奶奶、嬸婆、我父親、叔公（嬸婆的丈夫）、小姑姑。這是他們掃墓回來的路上，後方可能是北投天母的美軍宿舍。／王進發攝

1.

2.

學生忍不住哭了起來，我們已盡力死守家園到最後一刻，父親氣憤與無奈的眼神看著我們，要我與堂妹帶著爺爺奶奶的遺照與牌位跟著他，從被警方破壞的樓梯間大門走出來，而叔叔與嬸嬸堅持從原來家的大門離開。

圖／陳三郎提供

第二章：摧毀

第一節：捲入風波

堅持不賣屋

士林老家，也就是後來被強拆的房子，是三叔叔（王廣樹，即王爸）一家人的住家。爺爺生病後，便開始分配遺產，這個老家與土地祖產所有權當初是在爺爺的三個兒子名下。我父親身為長子，所以建商看中這塊土地，開始洽談都更事宜時，都是由我父親出面回絕。遇到樂揚建設（即士林文林苑都更案的實施者）之前，文心建設曾被我的父親拒絕而作罷。

二〇〇六年六月，樂揚建設段老闆到公司找我父親時，帶著一張已規劃好的兩棟透天平面圖，他們希望用兩個透天厝（王家兩戶）換取王家的土地容積，讓他們蓋大樓，但我們根本不想要賣土地，所以回拒了他。他們詢問三次，我們也回絕了三次，之後就沒下文了。直到三年後，二〇〇九年六月十七日，我們收到台北市政府都更處發函通知我們搬遷，因為我們家已被劃入都更範圍。家人這時候才發現大事不妙，父親隔日趕緊打電話向市府都更處詹富棋先生詢問；同年六月十八日建商到我們家測量土地，這舉動讓我們更緊張。我們沒同意要賣土地，為何建商可以大喇喇地準備把我們的家園搶走？當天我們要求都更處詹富棋先生阻止建商的舉動，但始終沒有下文。

六月二十四日，我們寫了一份陳情書給詹富棋先生，希望他正視此問題並告訴我們該如何處理，七月八日都更處回函告知我們：王家的拆遷日為二〇〇九年九月十七日，要王家在兩個月內提出權利價值異議。當時我父親與叔叔們都相信市政府會幫我們保住土地，他們以為只要聽市政府的指示提交資料，就可以阻止土地被建商搶走。他們所不知的是，市政府挖了一個大洞讓我們跳下去！父親傻傻地把資料寫完後交給市府，還在文件寫下「悲！」，沒想到市府把資料交給建商，卻不追問建商是否收到王家賣地的同意書。

後來我們深入了解「都更法」，才知道建商為何不需要王家的同意就可以把王家的土地搶走；他們用多數決來強搶我們的地——當初這一宗都更案基地有57%地主同意都更，43%不同意，同意戶比例低於門檻，結果建商把不同意都更的郭元益大樓和右邊另兩棟公寓排除，於是在新劃出的基地內，不同意戶就只剩下王家兩戶，相對同意戶的比例提高到91%。我們的「都更法」讓建商擁有這樣的權利，《都市更新條例》第25條說明，只要五分之四所有權人同意，都更案就可以成立。法條第32條談及以權利變換，讓不同意戶以錢來跟建商談條件，但除此之外就沒有其他的申訴管道了。試問用多數所有權人來掌控少數所有權人的財產權，這樣合理嗎？

同年九月間，父親與叔叔們不斷寫陳情書給市府，市府卻視而不見。近六十歲的三叔叔開始接觸並學習使用電腦，從打字、寫文章、上網查資料做起，四兄弟妹齊心寫狀紙。在他們眼中，這是「用膝蓋想都可以懂的事情」，法官應該也會知道——一間合法土地的民宅，怎麼可能被建商硬生生搶走？他們在十月三十日對市府提出行政訴訟，提告內容指出我們未收到建商的通知信，也提到基地相鄰道路寬度不足會影響日後安全，消防通道也不符合救災等等事項，希望市府撤銷整個都更計畫案。當時父親三兄弟信心滿滿，覺得有這麼多證據證明此都更案的瑕疵，應該可以獲勝。

沒想到事情並不單純，隔年（二〇一〇年）五月二十六日收到法院判決，判王家敗訴。判決書內容的第一點，此案採發信主義，也就是建商已寄信給王家，王家沒收到算你倒楣。建商提出我們簽收的郵局掛號回執證明，可是父親覺得事有蹊蹺，建商寄給我們士林老家的地址是民國六〇年以前的舊地址，而且只有我們家地址是用手寫的，而其他戶的地址卻是用打字的，這疑似被塗改。另一個二〇〇七年十二月寄到萬華住家的掛號通知回執聯上，地址雖沒有錯，但回簽印章卻模糊不清，建商辯論律師說這是大廈管委會簽收的章，我們馬上反駁說：萬華家是兩樓透天厝，哪來的管委會代簽收？我父親當下向法官反映這是建商偽造文書，法官沒有針對我們的疑問詢問建商，而是叱責父親。第二點，法官以多數決來說明我們沒有權利保留我們的土地。第三點，強調王家沒有建築線等等理由，駁回我們的訴求，最後判我們敗訴。

判決結果讓我們非常心急與憤怒。爺爺在世時一直強調這個家一定要留著，爺爺希望我們王家後代子子孫孫都要記住自己的根在哪裡，要我們知道王家是從此地落地生根。

我們當初沒有請律師，第一次訴訟被駁回，也才了解隔行如隔山，許多法條與引用文不是一般民眾能理解的，法院裡比的不是真理，而是律師們答辯狀之間的鬥法。我們得到了一次慘痛的教訓，找來蔡志揚律師幫忙處裡官司，但後來還是敗訴了。

就在我們迫在眉梢之時，台灣都市更新受害者聯盟（都更盟）伸手相助，陪著我們進營建署協調，整理許多資料協助我們向長官說明。為了讓其他市民知道我們王家發生了什麼事，都更盟與學生們不怕被捷運人員驅

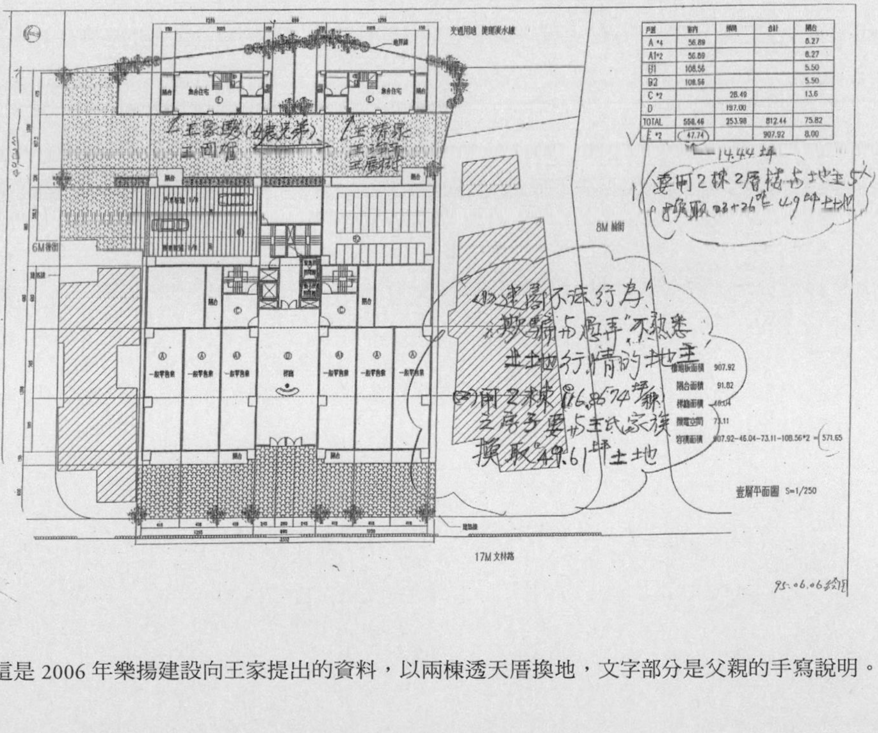

這是 2006 年樂揚建設向王家提出的資料，以兩棟透天厝換地，文字部分是父親的手寫說明。／王瑞霙提供

起，在士林捷運站發傳單，另外還訓練一些學生成為導覽員，在現場解說事件始末，希望可以讓鄰居與市民知道王家因建商使用技巧性的多數決，而即將面臨強拆的命運。

第一次上法庭

事件從一開始，王家人不曾得到建商與市府的正面回應。二〇一二年，是這起都更案爭議的最高峰。

小虹是都更盟的研究員。二〇一二年三月初，父親與小虹參加了一場營建署的輔導會議之後，無故被建商提告妨害名譽。這是父親因為祖產的事件第一次踏進法院，也是王家人正式被建商提告的首例。

為了分擔父親的壓力與了解當時事件的原貌，我整理了當日會議影片的逐字稿，讓人吃驚的是，營建署都市更新組組長陳興隆先生說：「我們現在還聽不出來你們為什麼不參加（指參與都更），政府有容積獎勵、減免、增值稅……我們提出這麼多的優惠還有政府很多協助，為什麼不要都更？」父親回答他說，我們也有選擇不參加的自由，而陳先生竟然說：「這個不是你們的自由，這是法律規定，多數決啊……」我當下才理解父親與叔叔們為了守住祖產所遇到的阻礙有多大，這阻礙來自威權政府與建商。

可是，我們不是一個民主的國家嗎？倘若都更法是用多數來決定少數人的居家生存權，這與共產國家又有何差別？再說，這是歷代傳下來的祖產，係關人民的財產權，怎麼能讓鄰居以多數決來決定我家土地的去留？

後來我才慢慢了解，參與都更其實不像政府與建商所說的這麼好。地主的容積獎勵會被建商拿去多蓋幾層樓，利益進入建商的荷包；政府大力宣稱的「一坪換一坪」也是假象，因為日後蓋好的大樓有百分之二十至三十的公共設施面積比例，實際可以得到的坪數比原有的房子坪數還小。為了這樣一個計畫，我們需要付給建商幾百萬元，但房子幾年前已重新拉皮整修過，家人都住得好好的，並沒有任何房子老舊的問題。我們根本不需要與建商合建，但營建署的官員卻不這麼想；他們用官威來逼我們參與都更，難怪父親與叔叔們會如此憤怒。

王家人不偷不搶，卻被建商以訴訟手段欺負；所以，我們決定陪父親一起面對訴訟。

第一次上法院，我很不自在，父親更緊張。他的不安與憂慮全展現在臉上，我與律師和小虹盡量安撫他的情緒，要他放心，一切請律師處理。後來他們進入法庭，我獨自在庭外的廊道等候，陽光透過回字型的迴廊灑在穿梭來往的律師、被告、原告身上，陽光讓他們臉上的表情皺褶變得深刻。看著中庭的造景，我稍為平靜下來，慢慢抽離不安的情緒。

當時的我，沒想到未來半年還需要無數次地出入大小法院。

「陌生人」給我上了寶貴的一課

偵訊完畢後，父親的表情變得比之前輕鬆許多，在車上有說有笑，揶揄自己運氣太差才會被人告。在車上，我初次認識小虹，清瘦的她散發一股特別的氣質。簡單自我介紹後，我們一同回到士林老家，因為小虹還需要在那裡與其他學生開會討論如何阻止房子被強拆。

一下車，我看到許多學生與聲援者已聚集在屋前的捷運高架橋下，家裡大門口平日停著腳踏車與機車的空間搭起活動雨棚，不鏽鋼大門上貼了黃色壁報紙，紙上貼滿了聲援者的留言和各種照片，以及「家不拆不賣」的口號。客廳裡更是擠滿了人，許多學生看起來非常疲累，像是已有幾天幾夜沒有休息；茶几上擺滿了瓶瓶罐罐的咖啡與茶飲，幾個學生手上拿著筆電在工作。

在這午後，我遇見台南藝術大學的林暉鈞老師，他前一天與學生到市長家門前為我們請命。在寒風刺骨的夜裡，林老師現場演奏一段《辛德勒名單》的電影主題曲，淒涼優美的旋律述說著我們面臨被拆屋的恐懼心情，最後卻與學生一起被警察強行驅離現場。初次與林老師見面，我們非常感謝老師冒著危險幫助與他毫無血緣關係的王家人，實實在在地體驗了此時的人情冷暖。強拆之後，在我們最危急的時候，總會看見林老師與我們站在一起阻擋怪手；在其他面臨被迫遷的社區，也常會看見林老師的蹤跡。

只是，剛開始我很不習慣屋裡屋外有這麼多的陌生人，也很好奇為何這些學生會這麼熱血前來幫助非親非故的王家人。在職場上打滾了幾年，我對人性有了防禦的心態，在這險惡的社會裡，物質價值已成為唯一評估人與事的標準。這群與我們沒有利益關係的熱血學生，喚醒了我「人性本善」，不是所有事情都是以「價值利益」去衡量的；他們正在做的，是自己認為對的事，而不是為利益與名聲所驅使。

感謝他們為我上了寶貴的一課。

二叔王治平（左）、林暉鈞老師與我在士林老家留影。

第二節：我家變成瓦礫

聲援者蜂擁而至

我不知道房子何時會被拆掉，所以隨時注意都更盟與堂弟、堂妹的臉書。前一個星期，堂妹在臉書上說房子後面來了兩台怪手，一台對著我們家，一台對著嬸婆家，感覺隨時準備要來拆屋，而且三月十九日台北市政府已對外放話要準備拆王家。這段等待的日子對我們王家來說十分煎熬，尤其是住在那裡的三叔叔（王爸）一家四口，每天過得很不安。

有一天，我看到堂弟在臉書上留言：「早上起來發現還在自己的床上而不是在警察局裡，感到很慶幸。」我很心疼他們，埋怨政府為何要讓我們受這種痛苦。

都更盟與學生，以及林暉鈞教授，三月二十一日到市長家裡抗議陳情，卻被警察趕走。二十二日中午，三叔叔上飛碟電台接受鄭村棋訪問，說明我們家的強拆危機。二十五日晚間，苦勞網在嬸婆家採訪三叔叔與嬸婆。二十六日早上，我們邀請專家學者在家門口開記者會說明，台北大學不動產與城鄉環境學系的廖本全老師語重心長地說：王家若拆了，就跟政府在大埔毀良田一樣，勸台北市長郝龍斌勿當建商打手來搶人民的家園。我堂弟的發言更令人心酸，他說：「我們只是一般沒有靠山的小市民，建商可以花錢買大篇幅的報紙廣告發聲，而我們沒有錢啊……只能靠這一些朋友幫忙。」我們期待電視媒體會幫我們發聲，讓大眾知道這事件，但中午的電視新聞只出現一串非常不起眼的跑馬燈，輕描淡寫帶過士林王家的事，而且主流媒體的報導立場完全偏向政府與建商，令人失望，唯獨非主流的媒體才有完整詳盡的報導。我開始不再相信主流媒體的片面報導。

市府說要幫建商代拆王家，卻不告知強拆日期，我們像防小偷似的，天天處於戒備狀態，都更盟不斷在臉書上幫我們發布訊息。二十七日，接獲聯盟發出確認的訊息說晚上八點到隔日凌晨，市府可能會來拆屋，我與家人晚餐後就匆匆開車回到士林老家，想要陪伴叔叔一起面對，一路上趕緊聯絡其他家人以及關心這事件的朋友們，希望他們有空可以來看看我們。

到了現場，已有聲援者和大批媒體在此聚集守候，人群中看不見三叔叔，他原本與堂弟去參加了一個談話性節目的錄影，但堂弟因收到消息所以先回來駐守。這裡來了很多大學教授，如黃瑞茂教授、石寄生教授等等，學生、民眾和聲援團體約三百多人；現場有幾個便衣刑警在監視我們，氣氛很詭異。

黃瑞茂老師指導學生簡易防禦工程。／陳三郎提供

三・二七晚上，老家聚集許多聲援者，約有三百多人。／王瑞雯攝

1.

2.

3.

1. 媒體前來關注，無奈主流媒體卻只傳達了片面訊息。／黃宏錡提供
2. 小虹對大家說，有可靠消息指出警察會在這天強拆王家。／黃宏錡提供
3. 都更盟成員之一阿本說王家現況非常危急，他也在現場說明都更法何以違憲。／黃宏錡提供

4.

5.

4. 幾位身障朋友也來現場聲援。／黃宏錡提供
5. 聲援者半夜聚集在捷運軌道下。／黃宏錡提供

1.

1. 凌晨十二點半，來自三鶯部落的聲援民眾。／陳三郎提供
2. 房子頂樓掛滿聲援布條。／黃宏錡提供

進入戒備狀態

二〇一二年三月二十七日，我們進入了戒備狀態。房子一樓到二樓的公共樓梯，窗外掛滿抗議布條和繩索，二樓則有朋友正在製做防禦工具，用木條將門頂住；牆面噴上郝龍斌「好好拆」的塗鴉，頂樓更是站滿了聲援的朋友，紅色油漆寫的抗議旗子，飄揚在空中非常壯烈。一個好好的家，只是因為不願意參加都更，不得不走到這種地步，我想叔叔一定很難過。從頂樓望向後方建商工地，他們在靠近文林橋的方向隔了一道圍籬，有如在戰場上敵軍的後方，工地內外搭著像作戰指揮部的棚子，我們看不見圍籬後方藏了什麼可怕的東西。

不久後林淑芬立委也來到現場關心我們，三叔叔回來後正與律師團對談，還有一群朋友在討論如何防禦警察的突擊行動與因應對策，大家臉上掛著笑容但精神已異常緊繃。

大家一直等待，直到凌晨兩點還未見警察現身，人群與記者並未散去，我們猜想警方可能要等到半夜部分人群自動離去後，再來拖

2.

走其他的人吧。

這時我們開始分配工作。王家有兩戶，即十四號的王爸家，和十八號的嬸婆家；我們安排人員在屋內和戶外留守，有些記者也跟著進屋。父親陪同叔叔、嬸嬸守在一樓，我和堂弟妹則守在二樓，大家井然有序走進屋內，經過一樓樓梯間，看著卜派已用鐵鍊把自己牢牢綑在樓梯欄杆。一樓和二樓屋內都塞滿人，大家就位之後便關上所有大門。

我們這邊有六道防禦空間。第一道是最外層的戶外與小院子之間，屋外有一位學生帶著口罩用鐵鍊把身體綁著門把，大門內同樣是用層層鐵鍊拴住。第二道是小院子空間，第三道是小院子與一樓客廳入口之間的落地窗，大家合力把大型沙發、茶几等家具堆砌在屋內落地窗前，做成一道阻牆，並用大型家具堵住所有對外窗戶，關上樓梯間的大門。第四道是樓梯間，在這狹小的空間裡大家手勾著手並排坐在樓梯上。第五道是二樓空間，三間房間與室內小走道都坐滿了人，我與堂妹在她的房間用衣櫃與矮櫃擋住房門，堂弟和幾位記者守在他房間。堂弟的房間窗戶朝著正面，可以看到留守在外的聲援者，而堂妹房間的窗戶則面向鄰棟民宅，另一間小房間朝屋子後方，可以看到建商工地。第六道防禦是頂樓空間，有幾位聲援者在冷風中守護在那裡。

在這漫長等待中，一群我不認識的陌生人開始討論著兩戶王家的防禦優弱點，他們說嬸婆家三面空地易攻難守，而我們這邊比較好守；他們猜測警方會先從嬸婆家下手，攻破了

1.

2.

1. 屋內大家臉色凝重。／黃宏錡提供
2. 卜派守在一樓樓梯間。／王瑞霙繪

1.

1. 聲援者用腳踏車、木板來擋住工地與我們圍牆之間的缺口，防止警察從這裡襲擊我們。
2. 樓梯間的聲援者就位，準備用身體進行非暴力抵抗。／王瑞雯攝

拆～

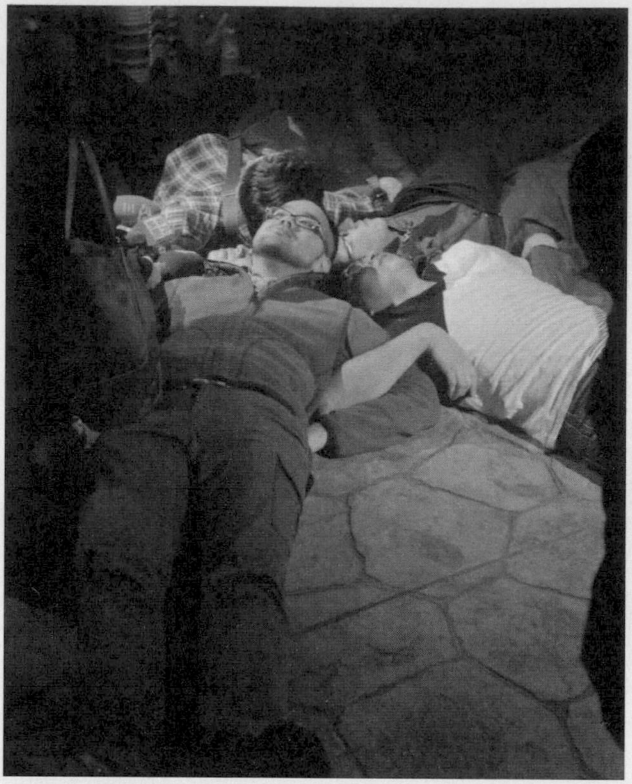

1.

2.

再集中警力分兩路圍攻我們家，一路從頂樓往下進攻樓梯間，另一路從大門口進入，但他們必須先清除屋外前方的人群。

在場有許多第一次參加抗爭的朋友，每個人的表情都很不安，比較有經驗的朋友為了

3.

4.

5.

安撫大家不安的心，開始帶著我們手勾著手，提醒我們遇到警察抬人時，身體要放軟，增加警方抬走人的難度。我們雙手握拳把大拇指藏在拳頭裡，因為警察會扳開大拇指，手一痛就會鬆開，他就可以輕鬆把人拖走。大家互相提醒說，警察可能會把大家拖到車上載走丟包，所以包包不要離身，被載走後可以再一起回到現場幫忙。這個場景讓人感觸良多，我們以作戰的心情面對恐怖的對象，而這對象竟然是所謂的「人民保母警察大人」。

清晨四點多，我們聽到外面傳來數台摩托車的聲音，像飆車族

1. 屋外聲援者躺在地上，手勾著手圍成一圈，試圖用此策略拖延警方進攻。／黃宏錡提供
2. 接近清晨，為了不影響附近鄰居，聲援者手寫牌子提醒現場聲援者放低音量。／黃宏錡提供
3.4. 石計生老師與其他守著嬸婆家門口的聲援者，把自己身體與鐵梯綑綁在一起，試圖阻擋警察強制驅離。／黃宏錡提
5. 守在 14 號王爸家的聲援者，身體連著大門用鐵鍊綑綁住。／黃宏錡提供

一樣在外圍呼嘯而過，夜裡聽來格外刺耳。他們的行徑像狩獵的狼，在前街與後街以王家為中心一直打轉，外圍的朋友打電話通知，說這是一群警察騎摩托車在觀察我們。才沒多久，警察終於出現了，消防灑水車也到現場，準備灑水驅離群眾。守在外圍的朋友開始不停喊口號：「強拆違憲！和平守護！」屋內的朋友教我們一起唱都更受害者戰歌，趕走當下的恐懼。

都更的受害者，勇敢站出來，為了我們的家園，不怕任何犧牲！反迫遷，爭平等！我的同志們，為了我們的家園，誓死戰鬥到底！

守在一樓小院子的幾位原住民朋友，一邊觀察後方工地的動靜，一邊唱起小米酒之歌。

我看到守在小院子的年邁父親，靠著牆打瞌睡。他平日習慣晚上九點就寢，如今卻被逼要站著休息，還要顧慮身旁聲援者的安危，我感到心疼。

我們前方開始有警方部署，後方透過工地圍牆下方的縫隙看見許多人的影子在晃動，表示對方要開始行動了。

1.

2.

3.

1. 最裡面的封鎖線還加上遮羞布，不讓封鎖線外的民眾看見裡面的情況。／黃宏錡提供
2. 民眾與警察對峙。／張榮隆提供
3. 聲援者面對警察，坐在地上手勾著手抵抗驅離。／張榮隆提供

從堂弟房間窗外看見警察築起兩道封鎖線。／王瑞霙攝

「屋內有人！」

我們看著天空漸漸亮了，聽到捷運第一班列車飛馳而過，工人開始進入工地準備開怪手，原住民朋友用廢棄的腳踏車堵住我們小院子與後方圍籬的縫隙，並對工人溫情喊話。警方在王家前方用雙層活動圍籬，圍起兩道封鎖線，並把最外層的圍籬蓋上遮羞布，不讓外面的人看到裡面情況。有一位騎著腳踏車身材瘦小的白髮老人，在圍籬外對我們高舉雙手大聲喊著「王家加油！」隨即被旁邊的警察帶走；這位老

1.

先生是我們家的遠房親戚，與過世的爺爺是堂兄弟。

接著警方開始驅離現場記者，外面的朋友開始喊著：「為什麼要把記者帶走？為什麼要蓋遮羞布？你們到底要對我們做什麼？為什麼不敢讓記者拍攝？」

徐世榮教授與林淑芬立委到場，也被警察擋到封鎖線外，一陣拉扯之間，我在二樓聽到徐教授大聲說：「讓我進去！」他後來終於衝破層層警力，與我們站在一起。之後在場所有來聲援的教授學者、律師還有立委紛紛用大聲公向大家信心喊話，也呼籲現場警察與人民站在一起，不要再做建商的打手；我們也大聲對現場警察唱著：「轉過去！轉過去！與人民站在一起！」

2.

3.

4.

2. 蔡培慧老師與黃瑞茂老師。／張榮隆提供
3. 詹順貴律師。／張榮隆提供
4. 徐世榮老師與彭龍三先生。／張榮隆提供

1. 屋內滿滿的聲援者，氣氛緊張。／黃宏錡提供

三月二十八日早上七點，警察開始在嬸婆家驅離人群，聲援者發出抵抗嘶吼聲音，屋外朋友再度喊口號，而屋子開始震動起來，我們從後方小房間透過窗戶向外查看，發現是後方怪手開始攻擊我們的房子。後方的朋友對著窗戶外大聲喊著：「屋內有人！你們還敢拆房！」他們把手伸出屋外拿著鐵鍋不斷敲打窗戶，屋內緊張的氣氛再度升起。

我看到幾位學生開始打電話給同學或老師向學校請假，因為當天是他們的期中考，還有幾位國小老師也向學校請假。我對學生說：「你確定要向學校請假嗎？考試很重要，你現在離開還來得及參加考試！」他苦笑跟我說沒關係，他們可以補考；他是晚上從臉書看到訊息，覺得這裡情況很危急所以瞞著父母偷跑出來，還說既然來了就會留到最後，此時屋子再度搖晃起來。我後來才了解，許多學生都是從臉書得到訊息前來幫忙。

1.

1. 早上九點十二分，台北市更新處人員做現場公告。／陳三郎提供

早上九點二十八分，警方展開第二波清除攻勢，抬離民眾過程中有些警察手段和表情相當兇狠。／陳三郎提供

我們拖著疲累的身體在苦撐，這時遠在大陸出差的弟弟打電話來，他哭著跟我說，他從網路看到現場的情形，新聞也報得很慘烈，急著問我家人的平安。接著小姑姑也打給我，哭著說她被擋在封鎖線外，衝不進來，心急如焚地交代我一定要把爺爺奶奶的牌位帶出來，不可以讓過世還沒滿百日的奶奶承受這一切！

上級一聲命令，第一排的鎮暴警察開始粗魯拉扯最前線的聲援者，經過多次衝突後，警方先攻破嬸婆家後門，用工具砸碎後面的玻璃窗，也打碎了嬸婆的心。嬸婆一夜未眠，血壓升高，一旁的姑姑們氣憤地叫喊著，而家終究還是守不住，嬸婆只能掙大眼看著警察與建商總經理破門而入，她則被護理人員抬出屋外坐上救護車離開。

幾個小時過後，嬸婆家已全部淪陷了。警察逐一將樓層清空，屋外朋友說這是中場暫時休兵，我們準備迎接下一波攻擊！

警察暴力

家守不住了，嬸婆被抬入救護車送醫。／黃宏錡提供

大家稍做休息，我跑到頂樓透風，看到後方文林橋上大塞車，工地上都是工人與警察，還有怪手。郭元益大樓那裡還有許多警察拿著Ｖ８朝我們這邊錄影，對待我們如十惡不赦的通緝犯。大家再度回到自己的崗位守著，要上廁所時竟然沒水，原來我們的水源被關閉了。

樓下傳話要我和堂弟妹下樓，我們小心翼翼跨過樓梯間的人群來到一樓客廳，父親皺著眉頭說，等一下警方要攻擊我們這戶了，家已守不住，要我跟堂妹把爺爺與奶奶的牌位和遺照保護好。在客廳看著精疲力盡的朋友對著窗外警力對嗆，還有一些被警察粗暴舉動嚇哭的女學生，跪坐在地上。

此時一樓樓梯間靠工地的方向傳出電鋸的聲音，大家趕緊把樓梯間的大門關上，尖銳的電鋸聲迴盪在樓梯間裡，接著是砰蹦巨響，一陣拳打腳踢後傳出聲援者的尖叫聲，十分可怕。當時我們無法想像樓梯間的朋友到底遇到什麼狀況，事後才知道，警察破壞入口後見樓梯間沒有記者沒有鏡頭，便肆無忌憚開始對聲援者施暴，許多學生被打到掛彩，在二樓小房間留守的男學生還被打到住院。

警察如此對待手無寸鐵的人民！之前都更盟的朋友宣導現場守夜的聲援者千萬不可以襲警，因為警方會錄影存證後指控我們為暴民。大家已經做好被警察毆打的準備，但始終無法想像的是，警察失去理性後卻成了恐怖分子。

1.

2.

1. 屋頂上的聲援者、建商工人和怪手呈現強烈的對比。／黃宏錡提供
2. 綑住鐵鍊守在十四號地門口的學生。／張榮隆提供

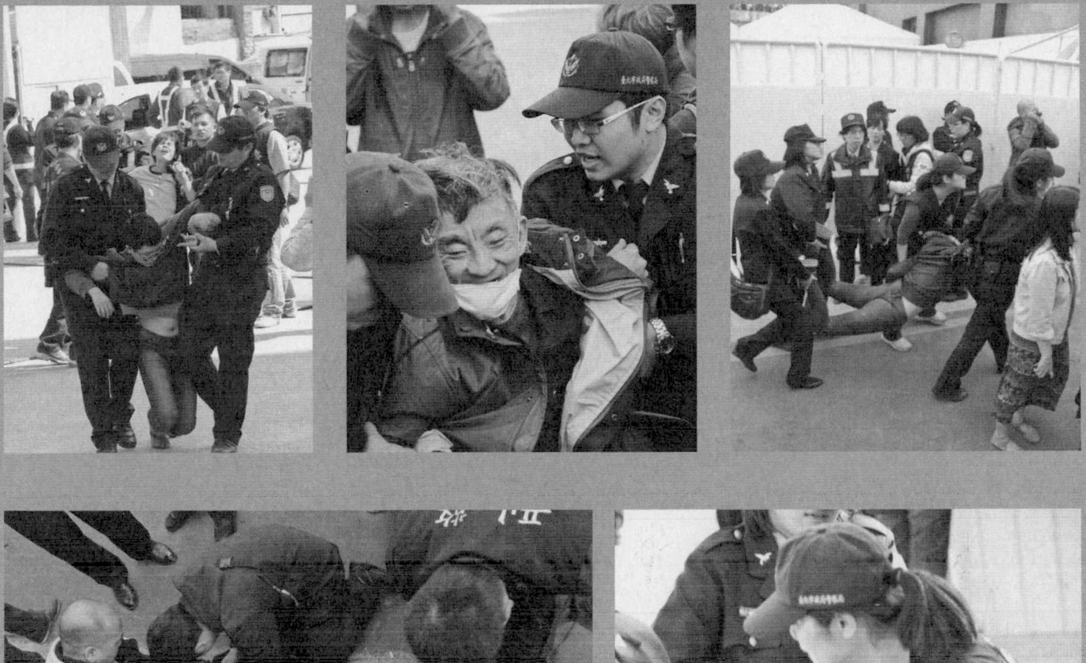

警察如此對待和平抗爭的聲援者。／黃宏錡提供

1.

2.

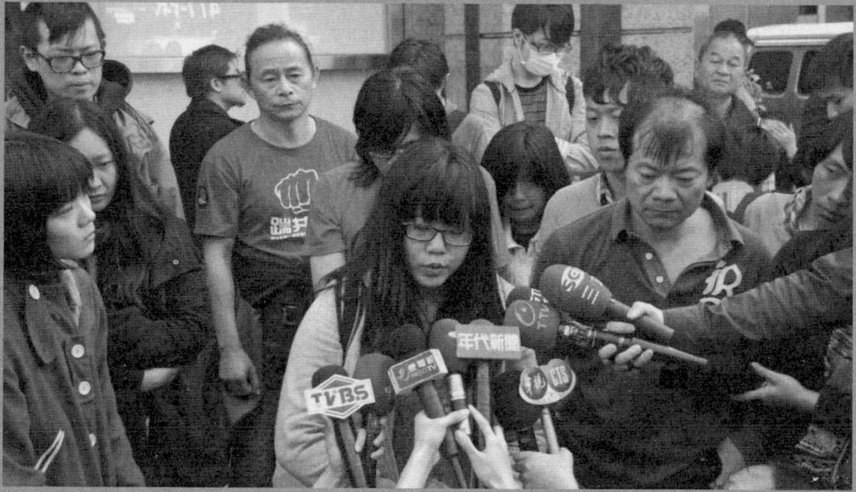

3.

4.

1. 警方動用多台公車，準備把抬出來的聲援者野放到其他地方，部分學生與聲援者用身體阻擋公車。／黃宏錡提供
2. 現場許多在地民眾氣憤對著警察怒吼。／黃宏錡提供
3. 都更盟成員黃慧瑜（中）與阿三哥（右）被抬出來後向記者發言。／黃宏錡提供
4. 被抬出來的聲援者再次在郭元益大樓前聚集。／黃宏錡提供

1.

2.

「你憑什麼拆我家！」

沒用的我，只能隔著大門靜靜聽著可怕的尖叫聲與毆打聲，卻什麼事也不能做，捧著爺爺遺像的雙手微微顫抖，看見叔叔的眼神充滿憤怒與絕望。清空樓梯間後，所有警力全部快速驅離屋前的聲援者，用油壓剪剪斷鎖在主要大門和學生身上的鐵鍊，另一群警察試圖要翻牆進入小院子，守在院子的朋友與林暉鈞老師奮勇抵抗。同時警察在外面以斧頭用力試圖敲破不銹鋼大門，幾位男性聲援者用身體頂著大門，大門出現血手印，我們一同對著門外大叫：「門內有人！不要再敲了！」之後數名警察把院子內的人制伏後，敲破了大門，

3.

4.

1. 我捧著爺爺的遺照，看著眼前警察與聲援者之間的慘烈對峙。／陳三郎提供
2. 清空前院之後，警察用油壓剪開始破壞大門。／陳三郎提供
3. 消防員正在破壞玻璃門，我們用沙發阻擋。／陳三郎提供
4. 王家人與聲援者在屋內，但他們無視這一切，打破大門後準備進屋。／陳三郎提供

開始在我們眼前用斧頭敲破落地窗與主臥室玻璃窗，這一幕讓屋內的堂妹受到刺激，發出淒厲的尖叫聲，我的眼淚再也止不住了。堂妹情緒已失控，對著這些破壞者大聲咆哮：「你憑什麼敲破我家玻璃我家鐵門！憑什麼！你賠得起嗎！」無情的警察不顧我們的吶喊。

主臥室再次聽見玻璃敲碎的聲音，三嬸嬸（王媽）衝到主臥室對警察喊說：「你們有搜索票嗎？」窗戶外的警察只是繼續用斧頭不停的敲破窗戶，默默不語。為了不要有更多朋友受傷，嬸嬸只好讓警察從窗戶進屋，一下子屋內塞滿了數十名警察。學生忍不住哭了起來，我們已盡力死守家園到最後一刻，父親氣憤與無奈的眼神看著我們，要我與堂妹帶著爺爺奶奶的遺照與牌位跟著他，從被警方破壞的樓梯間大門走出來，而叔叔與嬸嬸堅持從原來家的大門離開。一出來我們被團團警力包圍並護送到建商工地方向，穿過工地到文林橋方向。媒體向蝗蟲一般擠向我們不停地提問問題，堂妹再次高舉爺爺遺照，以台語大喊著：

1.

2.

3.

1. 三叔叔與嬸嬸心痛地離開已被破壞的家。／陳三郎提供
2. 最後一個離開王家的聲援者。／張榮隆提供
3. 我與父親和堂妹抱著爺爺奶奶離開老家。／黃宏錡提供

「救人喔！」

我們走到前街遇見等候已久的小姑姑與二叔叔，大家淚流滿面、相擁痛哭，而且大家還在驚嚇中，茫然不知接下來該如何是好。我們在靠近家旁的捷運橋下集合休息，這時已接近中午但大家卻沒有食慾，被警察丟包的聲援者再度回在現場，橋下關心我們的人越來越多，當時擔任台北市人權顧問的施正鋒教授也來到現場，他痛心地說：「這種情況只有在希特勒統治的德國與共產黨統治下的中國才會發生！我們台灣是民主國家，怎麼可以這樣！已經民主化二十年了！」施教授後來辭去了顧問職，表達抗議。

來自大埔的彭秀春大姐也到場關心我們，都更盟的朋友買了簡單的食物現場發送給大家補充體力，我與堂弟用大聲公向關心我們的朋友簡單發言，我說：「對我而言，家是不能用金錢來衡量的，但為何現在的社會與政府卻動不動就用錢來評斷所有事物……」現場有一位熱心的英文老師看不下去政府的粗暴行為，氣憤地不斷跑到封鎖線前嗆

1.

1. 小姑姑接手捧著奶奶遺照，難過痛哭。／黃宏錡提供
2. 我們在捷運橋下休息，兩家王家人各自捧著爺爺與叔公的遺照，有如亡者兩兄弟一同對話。／王瑞霙攝

警察。

一位白髮老人騎著腳踏車來到我們集合點，他就是早上對著我們喊加油的那位老先生，父親一看到他就相擁而泣。他是我們的叔公，和爺爺是堂兄弟，父親痛心地對他說：無法幫爺爺保住祖產。父親邊說邊哭，疲憊的臉上都是眼淚。叔公拍拍父親的肩膀，要大家保重身體；這是我首次認識老家的遠親，這位叔公之後常常到現場關心我們，為我們打氣。

房子雖然被破壞，但人都平安，心痛之餘，還是要思考接下來的路。三叔叔一家四口的落腳處是當前最重要的問題，先把三叔叔安頓好，再處理接下來的事。嬸婆還在醫院，但狀況還算穩定。

下午三點，我們在總統府前凱達格蘭大道上開記者會，王家將由我們代表出面。

2.

離開前看了老家最後一眼，老家已被建商用鐵牆圍起，準備拆除工作。／王瑞霙攝

三・二八當天，我們的家已被無情的怪手摧毀。／都更盟提供

凱道上的記者會

分配完工作，我與父親、小姑姑和二叔叔開車前往凱道，那裡已有許多警察和記者，還有聲援朋友們在場，他們手裡拿著抗議牌，王家人再度被記者與聲援者包圍著，非常不習慣面對鏡頭的我感到緊張與不安，但是被強拆的震撼場景卻還歷歷在目，希望可以透過媒體讓大眾知道我們如何被政府以都更惡法為名欺負了。我說：「若法有錯就應該修法，而不是拿錯誤的法條拆我家，然後再對外宣稱他們是依法執行拆屋！」

在此聽到徐世榮教授、廖本全教授、詹順貴律師的激動發言，批評政府如此踐踏人權、搶奪家園，我非常激動，眼淚一直在眼眶打轉。我們不知道新聞到底會如何呈現，現場主持人小虹說的「好大的官威」，政府可以對媒體施加壓力。強拆當天，郝龍斌市長說他是依法行政，不能因

1.

為少數人影響多數人的權益，還說拆除王家過程很順利，他很滿意！這些話對我們而言格外刺耳！

結束記者會之後，稍為放鬆心情，我帶著疲勞和飢餓的身體，與父親回娘家簡單吃了一下晚餐，倒頭就睡。半夜一點半記者來電，探問三叔叔目前暫住處，我替三叔一家回絕了記者的採訪，讓他們好好休息吧，其他的事等明天再說。

2.

1. 我與父親和小姑姑帶著爺爺奶奶一同去凱道向馬總統抗議喊冤，許多聲援者舉牌訴求反逼遷、挺人權。／張榮隆提供
2. 媳婆家的房子被淨空後的最後身影。／黃宏錡提供

強拆隔日，王家土地已被建商用鐵圍籬包圍，兩位叔叔拆開圍籬，看到的是一片破碎瓦礫堆，嬸婆、嬸嬸與姑姑們抱頭痛哭。我們決定在十四號地範圍內重蓋組合屋，施工期間面對著建商與同意戶的百般阻擾，眾人精疲力盡。

「入厝儀式」當天，我攙扶嬸婆在組合屋前「過火」，象徵去穢祛厄、消災禳禍，並在組合屋門上重新安上王家的地址牌。我摸了摸門牌，衷心希望王家能平平安安，不再流離失所。我們不知道組合屋何時會被對方摧毀，但我們會一直守住這個新家。

圖／王瑞霙攝

第三章：重建

第一節：重返家園

媒體報導

強拆隔天（二〇一二年三月二十九日）上午梳洗後，我到住家附近的便利商店買來所有報紙，開始整理事件的報導。本以為報紙篇幅應該不會很多，沒想到占了各大報頭條。我一時無法理解，拆屋之前多麼希望各大媒體把我們求救的聲音傳播給大眾，然而，除了PNN、苦勞網、立報等少數幾家，大部分媒體都漠不關心，等到房子拆了才瘋狂報導，嗜血作為讓人心寒。

整理相關報導與搜尋網路文章時，電視機傳來一則現場新聞，有一位也是都更受害者的中年男子，爬上已被怪手毀壞的二樓，拿著水果刀揚言自殺、表達抗議，最後被爸爸和家駿叔叔勸下來，卻馬上被警察帶走。我們並不願意看到有人為王家的事而受傷。

公權力濫用

三月三十日，我與父親、小姑姑、嬸嬸，還有都更盟的慧瑜一同到立法院開記者會，揭發強拆當天警察打人的行為，現場由尤美女立委主持，出席者還包括當天被警察毆打的男女學生、「公民行動影音」的記者、兩公約的高律師、OURS黃瑞茂老師、警政署保安組黃清福組長。

一位男同學敘述當日強拆的情形：「許多同學守在屋內時，刑警破門而入後便開始動手打人。刑警將屋內同學從二樓打到一樓，把學生踹到樓下，還跟學生嗆聲說：起來啊，你不是很了不起嗎？」學生被警察丟包到木柵動物園站、木柵市區、青年公園等地，到處放生不管學生安危，有些學生要回王家取回留下的物品，還被警察與建商阻止。搬家公司人員後來把王家與學生的物品通通打包，所以很多學生的包包與錢包都拿不回來了。

許多聲援的學生因我們而受傷，聽說還有一位同學住進了加護病房，我父親非常自責，對學生父母表達歉意，更痛斥政府和執法員警對付我們手無寸鐵的人民如同緝捕重刑犯的規格。雖然警政署保安組黃組長向王家人與受傷的學生道歉，但警察濫用職權與丟包事件是警方事先規劃的行為，我們實在無法原諒。

廢墟重整

隔日三月三十一日，三叔叔一家人與嬸婆一家人，還有百名聲援者再度回到被建商用鐵圍籬包圍的家園，兩位叔叔拆開圍籬看到家已面目全非，變成破碎瓦礫堆，土地上還停著一台怪手，嬸婆、嬸嬸與姑姑們抱頭痛哭，嬸婆還差點暈了過去。

嬸嬸在瓦礫堆裡撿到來不及帶走的鞋子、鍋鏟；建商對外聲稱他們會請搬家公司把王家物品打包好並請律師封箱置放在庫裡，但事實並非如此。許多聲援者幫忙整理現場，清理出王家兩戶客廳原來的地板，一些朋友搭起帳篷，在已經破碎的房子結構柱子插上「士林王家」的牌子宣示主權，並由學生與聲援者主動排班輪守這臨時家園。

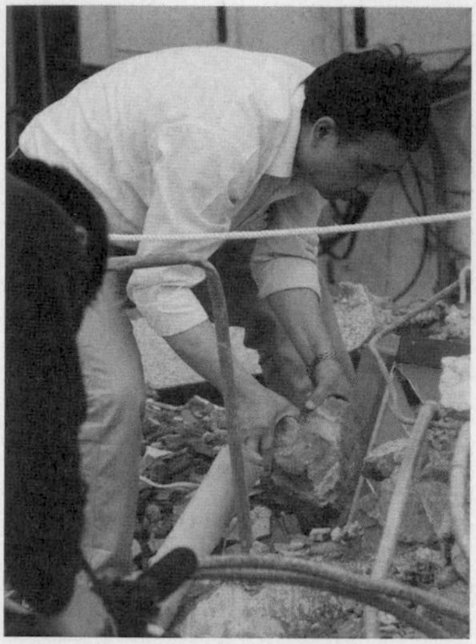

1.

2.

1. 王爸徒手整理已被催毀的家園。／陳三郎提供
2. 家園後方的怪手，被民眾塗鴉。／陳三郎提供
3. 民眾協助清理出原本王家的客廳磁磚地板，搭起帳篷，還清出許多王家人的家當。／陳三郎提供

帳篷搭起的空間裡，學生在此閱讀、寫作和休息，床邊擺放的兩張長桌隱約區隔外部與內部空間，常看到東吳大學石紀生老師默默坐在那裡閱讀。這裡沒有階級關係，只有共同的信念，大家像家人般相處。我在前方捷運高架橋下，靜靜觀察著衝突環境中的和諧畫面。

強拆後，許多專家學者在這裡辦了一系列座談，讓大眾更了解都市更新的真相，建商在其中所接收的龐大利益，絕對不符合政府所宣稱的理想願景。活動參與者必須忍受捷運的噪音與濕漉漉的氣候，雖然如此，還是吸引了許多關注此議題的朋友，現場的熱絡氣氛漸漸匯集成一股想要改變現狀的力量。

3.

設
啾咪 ^^
一級拆除
龍、試
(02)27208889
拆~

建商用鐵皮將王家土地圍入工地裡，鐵皮被民眾當成大型留言板與塗鴉牆，寫下對市府與建商的不滿和抗議標語。這個臨時性的鐵皮牆成了事件紀念牆，記錄著真實的聲音。／王瑞霙攝

整理家當

四月二日，市政府發言人張其強表明王家尚持有合法土地權，當天一早我與小姑姑到殘破的家園整理被他們視為垃圾而散落一地的物品，有叔叔外出的拖鞋、學生的布鞋、堂妹當年參加我婚禮穿的高跟鞋、學生守夜的帳篷、外套、睡袋、保溫杯、叔叔家原有唱歌設備的麥克風、嬸嬸廚房裡的醬瓜、鍋鏟、砧板、植栽，還有嬸婆冬天使用的紅色大地毯、家駿叔叔的工具袋、嬸婆家客廳的實木椅等等，全都已支離破碎。每件物品從瓦礫堆裡挖出來，沾滿水泥灰，雖不起眼卻是維繫兩戶王家人每日生活的必需品，蘊含的價值遠遠大於實際購買價值。

我們安靜地為每一件物品標示編號，細心除去表面的塵土，分門別類排列整齊，以嚴肅的態度為它們拍下一張張照片，過程中與家人一一細數物品的來由與歷史，感念它們的付出與貢獻。

回去後我趕緊把物品做成列表，交給叔叔與嬸婆兩家人

1.

核對，確認之後再交給律師處理。嬸嬸看到照片時還是很難過，她說強拆當天他們一家身上連一件換洗衣物都沒有，還要去店家採買生活用品，好像難民一樣被迫離家。當時雖然已為他們安排一個安全的住所，但做什麼事都不方便；叔叔說，手機沒電才發現充電器還在現場，出門只有一雙鞋可以用，而且電腦沒帶出來根本無法跟人聯繫，生活步調都亂了套。家族成員都盡量幫助他們，分擔傷痛與安排後續的需求，畢竟這創傷不是一時可以走出來的。

我們也一樣憤怒痛心，小姑姑對老家被強拆氣憤難消，曾經要我跟她一起身上掛著喊冤的牌子站在捷運站裡，讓更多人知道我們家是何等冤枉與委屈。這個老家是他們兄妹的出生地，承載太多對爺爺奶奶的思念，有太多家的回憶，如今卻被建商為了利益搶走，還要被冠上釘子戶「死要錢」的惡名，長輩們怎麼樣也吞不下這口氣。難道所有事物都可以用錢來彌補、用錢來購買嗎？感情真的可以買賣嗎？「家」的價值也不是用金錢價格來計算的，因為家除了土地建物之外，還有人們的生活記憶。

2.

1. 我將年初幫爺爺整理的老家照片再製成一張四呎乘八呎的海報，在四月四日清明節當天張貼在現場，呈現出父親、叔叔、小姑姑他們這一代人兒時「家」的原貌，讓前來關心的民眾理解「家不是商品」。

2. 當日在瓦礫中整理物品的景象。／王瑞霙繪

在殘破的家園祭祖

四月四日早上十一點，王家兩戶與家族成員，從幾個月大的嬰兒到八十二歲的嬸婆都到齊了，共約三十多人。長輩們在帳篷下用塑膠凳子與木板搭起臨時供桌，擺滿鮮花素果，還有爺爺最愛吃的炸物；爺爺、奶奶與叔公的遺照放在供桌前方的礦泉水紙箱上，看著這樣一個簡陋的臨時清明節祭祖場景，大家都很難過。嬸婆坐在一旁靜靜看著叔公的遺照，用眼神在跟她的丈夫談話。

準備就緒後，大家帶著沉痛的心情雙手合十跪在王家祖地上，感到愧對王家列祖列宗，祈求祖先原諒我們無能守住土地和家園。父親是長孫，代表家族擲筊，卻無

法擲出聖杯，換了叔叔也一樣，可見爺爺與叔公對遭遇強拆感到生氣與不滿，後來請嬸婆出面，她擲第一次就獲聖杯。嬸婆氣憤地向郝龍斌喊話：「今天拆我的，明天拆你的才公道！」

我們再次向祖先磕頭謝罪，誓言要向郝市府討公道，原地重建祖厝。雖然知道這是一條艱辛的不歸路，但還是要堅持走下去，要政府別一再漠視老百姓的聲音與基本居住權，不要成為建商財團的打手，用謊話去欺騙大眾、欺壓人民。

在這特別的場合，我們重新認識嬸婆的家人。早期爺爺因為工作關係，父親讀高職時舉家從士林搬到萬華，只在過年或清明掃墓才會與叔公家人見面，所以我們這些晚輩對叔公一家人比較陌生。兩戶王家人在我製做的王家古厝大海報前一起拍照留念，相互認識；海報裡有一張嬸婆當年嫁入王家時，在老家屋內拍的照片，她一邊摸著照片一邊說起當年的幸福生活，回憶家的點滴，一旁的姑姑們也娓娓道來他們小時與叔叔之間的生活趣事。老照片說故事，連繫著兩家的情誼！

燒完紙錢後，我們把祭拜的食物和小姑姑準備的油飯分送給在場的朋友與記者，感謝他們一路來的支持；都更盟以及那一群為我們守家的學生，這份人情我們永遠忘不了。那天下午，許多朋友和遠房親戚看到午間新聞後，都來到現場關心我們，給予滿滿的正面力量。

家族成員集體跪拜爺爺奶奶和叔公。台北市議員張茂楠主持祭拜儀式，並安慰難過的嬸婆。／王瑞霙提供

1.

1. 兩戶王家人在對抗都更的過程中，送走了三位長輩。十八號地的叔叔捧著叔公遺照（左），三叔叔與二叔叔捧著奶奶和爺爺的遺照（右一和右二），已過世的家人看著殘破的家園，而活著的人則期望有朝一日原地重建、返回家園。

2. 家族成員在已被拆去的房子原址前合影。／王瑞霙提供

3. 嬸婆嫁給叔公時的結婚照，坐者右起是曾祖父、裹著小腳的曾曾祖母。後排站者右起是爺爺和奶奶。前排坐者最左邊是曾祖母抱著我父親。這張照片記錄了跨越清朝、日治時代與民國時代王家的家族記憶。

2.

3.

這是嬸婆家的原址，民眾把半毀的餐桌再擺回原位。／王瑞霙攝

第二節：重新安頓一個家

整地蓋新家

下一步要如何走下去？這是兩戶王家面臨的難題，我們召開許多次家族會議，經過多次討論，一方面請律師處理我們的訴訟案，一方面要傷腦筋想辦法保住家園的土地。強拆後，建商竟然還要向我們收取拆屋與搬家費用，這是在都更受害者的傷口上灑鹽，我們當然不服氣，也不願付這筆錢。當時很多人提出要幫我們把家蓋回來；然而，要摧毀一個家非常容易，要重建卻困難重重，先要取得政府許可，拿到建築執照後才可以蓋屋。二〇一二年四月二日，北市府發言人張其強說王家目前依舊擁有土地權狀。

強拆後，都更盟與其他聲援者搭著臨時帳篷為我們

1.

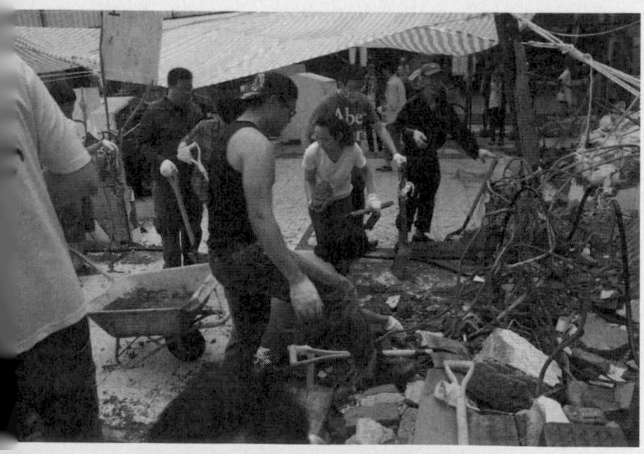

2.

二十四小時守住土地，在這個寒冷的四月雨季裡，生活作息變得非常克難，所以我們決定自行搭建遮風避雨的組合屋。熱心的戴立忍先生已幫我們在十四號地原廁所位置上蓋了臨時廁所，基於生活機能與預算考量（一間組合屋要價近二十萬），所以我們選擇在十四號地範圍內蓋組合屋。幾天後回到現場測量土地，詢問叔叔的需求後開始繪製平面圖與立面圖，並且畫出模擬透視圖，每個步驟都充滿重建家園的期待。我們得知組合屋通常一至兩天就可以完成，但必須先清理掉現場殘留的磚塊與泥塊，以及那幾天學生休息用的床箱、床墊。

四月二十四日組合屋開始動工，當天我們在施工的十四號地掛上重建家園的海報，海報印有組合屋的透視圖，也在前一天透過臉書邀請有空的朋友來幫忙整地。開工日的一大清早，十四號地便聚集了一些朋友，我們戴上工作手套，先把活動家具如床、桌子、塑膠椅等雜物先搬到一旁或捷運橋下，有的聲援者拿起鏟子、推車，或徒手將磚瓦、彎曲的鋼筋、破碎的玻璃、木地板殘骸，全部集中堆到十八號地上。

同意戶鬧場

整地快完成時，約九點多幾名同意戶帶著附近另一個工地的十幾個工人，手拿牌子，從

1. 以「家」字型為主軸，用插圖呈現強拆當天的情況。
2. 大家一起清除瓦礫。／彭龍三提供

美德街方向走到十四號地的前方，向我們抗議。這是我第一次直接與那幾個同意戶碰面，一時還不知道他們是誰。他們當中幾個沒拿牌子但擺著臭臉兇狠瞪著我們的人，就是同意都更案的土地所有權人，而手拿牌子、穿著雨鞋的，則是他們聘請的臨時工；還有幾個男子站在隊伍最後方，像是在監督舉牌工人。這一群人還帶著記者前往，似乎有意營造對他們有利的衝突畫面。

看到如此陣容，我們都繃緊神經，冠均馬上跳出來冷靜且懷著笑臉跟同意戶對談。此時現場有記者、同意戶、派遣工人、王家人、聲援者、學生、警察、便衣刑警、圍觀的路人，後街方向站著一個頭戴帽子和口罩的人正在錄影，他身邊還有一個戴著帽子的男子坐在水泥椅上，一直朝著我們方向觀望。顯然我們正在被監視。

同意戶鬧場離開後不久，十點多我們又發現前方捷運橋下聚集了一群男子，領頭者跟他們說了一些話後，這群人便大搖大擺從十八號地進入，再走到建商工地最右邊，一

1.

會兒又走到左邊，什麼事也沒做，然後又從十八號地走出來在橋下集合，最後採用更直接的「椅子隊伍」攻勢，拿塑膠椅直接坐在十八號地的門口，沿著圍籬一直排到我們正要施工的十四號地正前方；他們每個人直盯著我們的施工空間，想用這種「侵門踏戶」的舉動來嚇唬我們，讓我們施工受阻。於是我們兵分兩路，冠均與一些人去阻止他們，我和幾個朋友繼續整地。冠均與幾個聲援者拿著我們的塑膠椅，像擺放棋子一樣坐在這群人中間，靠悲、卜派和幾個學生則站在前面試圖阻擋他們的視線，楚河漢界各據一方，似乎隨時會引發可怕的衝突。

到了中午他們回到橋下放飯了，但大家卻不敢鬆懈。我們這方「下棋」的椅子隊長冠均與幾個朋友討論後，重新調整守護隊形，把兩人沙發也搬來成為「棋子」，並坐在椅子上看書聊天。與這群人對峙的過程中，施工的師傅並未受到任何影響，進度順利；師傅甚至笑著跟我說，建築界裡只要是大型工程，都常見地方幫派來鬧事，所以這種

2.

1. 一群同意戶來到組合屋前抗議。／王瑞霙攝
2. 椅子隊伍攻勢從十四號王爸家一直延續到十八號嬸婆家門口，靠悲與其他朋友也拿著椅子坐在他們隊伍中間「反擊」。／彭龍三提供

事他們見多了，根本「沒在怕的」。

師傅們先把凸起的鋼筋鋸掉，然後沿著左邊的半高外牆為基礎點開始放樣下料，在地板上逐一架起橫骨架，而且為了我們的方便，師傅先幫我們鋪上六分夾板，形成地坪讓我們在上面行走。師傅收工後，大家開心地把床箱、床墊與桌椅搬上新的加高地坪上，在未完成的組合屋裡繼續守夜。

經過一整天的勞動，還要應對有心人士的故意阻擾，大家都累壞了，終於可以好好吃一頓晚餐、休息一下。我擔心隔天會不會有更大的、未知的阻礙等著我們，但看著冠均早已在床上蓋著睡袋呼呼大睡，心裡安定不少，還好有他們，一切才能化險為夷。阿

三哥與其他學生正在昏黃的燈光下用餐，看著這麼多朋友，更讓我放下心中大石。

這個晚上，大家互道晚安，而明天可能又要面臨一場硬戰。

組合屋蓋好了

隔天（四月二十五日），早上八點前我就到了現場，邊吃早餐、看報紙邊等著學生們起床。在半戶外睡覺除了要忍受寒風，還有蚊蟲叮咬，無法像在家裡般安穩舒適，真是辛苦他們了。梳洗完畢後，他們開始把遮風擋雨的藍白帆布撤下，再把前一天放在地坪上的家具移出並打掃環境，感謝老天爺給我們一整天的好天氣。

不到一會兒，組合屋的師傅到了現場，把所有屋內的骨架與鐵製牆面、屋頂都載到現場，看著他們快速地立起第一道牆面骨料，再把模組化的牆面迅速插入兩側骨架之中，如同堆積木一樣。靠近廁所的第一道實牆出現了，接著是後牆窗框、後門門框；四個牆面立起來之後，屋頂的桁架也一座座立好，不到幾個小時房子的架構就成形了，在場的學生都嘆為觀止。師傅把烤漆浪板固定在屋頂上，安裝窗戶與前後門，然後再用鋼索加強長向兩面牆的結構，並且從屋頂拉鋼索到地面上以防止未來屋頂被颱風吹走的風險，最後在接合處打上矽利康就大功告成了。

組合屋完成之前，師傅先搭起臨時的地坪。當晚，守護的學生在這裡呼呼大睡。／王瑞霙攝他們在下午三點前收工，接下來是木地板師傅進場安裝地板，六點前全部完工。從師傅手中接下組合屋的鑰匙後，我們終於有一個暫時的家了，大家開心地擦過幾遍地板，把家具搬到組合屋內。這一天的施工過程非常順利，沒有受到阻礙，這反而讓我們有點不安。

王爸晚上下班後來到組合屋前巡視了一遍，臉上終於露出久違的微笑，我把鑰匙交給王爸與冠均，接著大家一起在橋下照著路燈的光吃晚餐，討論隔天入厝儀式的細節。會議結束後大家先回家養精蓄銳，期待著明日的儀式，這時開始下雨，離開前看著幾位學生在屋內點著手電筒談天說地，心中無限感激。

師傅搭建組合屋時，學生把「士林王家」手牌掛好，象徵原地重建的希望。／王瑞雯攝

百人夜襲組合屋

當晚回到家裡洗完澡後正要就寢時，手機不斷響著臉書的訊息，查看之下才知道晚上十一點有動靜，對方派人到組合屋外透過玻璃窗查看屋內人數，不久後在前街便利商店附近便出現一台山貓，冠均發現有異，趕緊聯絡都更盟與王家人。我被告知時已是清晨一點，建商工地出現一百多名穿著黃色雨衣、戴著口罩的不知名人士。我與家人趕緊出門衝到現場，一路上也聯絡小姑姑一家人。

下著雨，現場已聚集幾百名聲援者，一群警察也在現場，而我已錯過了最激烈的衝突場面。我事後得知，一百多人當中包含了數名同意戶、建商的律師、建商的工人與工頭。建商的律師直接對我堂弟嗆聲說：「我今天就是要用鐵皮封起來。」他威脅著要封土地，還要用山貓把組合屋剷平，一陣拉扯之下，建商的彭姓工頭還作勢要打人，其中一個男性同意戶更指著小姑姑說：「你是想要來分一杯羹嗎？」這是對女性參與權的歧視，讓小姑姑非常受傷；這個家也是姑姑的出生地，而這位同意戶卻選擇與建商聯手欺負不願參與都更的老鄰居。今天這個家硬生生被人搶走，家族裡每個人都有權站出來一起對抗這惡勢力，他這句話說明了自己已經把「家」商品化了，這是順了建商的意。

我到場時，正處於暫時休兵狀況，過一會兒我們又聽到組合屋後方工地上山貓發動的聲音，原先在橋下避雨的聲援者忍不住再次衝向前面，摸黑站在與人齊高的瓦礫土堆上，試圖要阻止山貓破壞組合屋。這時一群穿著制服的警察在橋下不為所動，只在我們後方錄影蒐證，大家對警察非常失望，有人大聲喊著：「警察不是要保護人民嗎？怎麼還在人民後面不向前去阻止衝突？」這時才有幾名警察走向前。

建商半夜派人試圖拆除組合屋，附近居民忍受不了噪音，直接開窗對下面的警察喊話，結果現場警察卻要他自己打電話去報警！這種荒唐的處理方式讓我再也不信任現場的警察，因為他們的作為已經淪為建商財團的打手。

我們再度制止對方攻擊之後，撤回橋下，大家都已被雨水淋濕，有些人還在發抖，後

來有好心人士為我們送來熱騰騰的豆漿與飯糰暖暖身體。這時已是清晨三點多，有學生去便利商店買飲料時，發現有人發錢給那一百多個穿黃色雨衣戴口罩的人，疑似他們花錢派走路工來欺負我們，而我們只能靠熱血的聲援者協力對抗那些口袋深不可測的財團勢力。

在我們喝著熱騰騰的豆漿時，發現有一位建商工人就坐在後方，拿著手機低著頭，好像在偷聽我們講話，當我們想要靠近他時，馬上起身離開我們，快速往後街的方向走去，穿過文林橋下的涵洞，消失在對街。我們確認對方都離開後才解散，有些聲援者當天還得上班上課。這時組合屋塞滿了人，很多學生都帶著驚恐的表情，但大家都堅持繼續守護組合屋，並用報紙把窗戶貼起來，不要再讓對方有機可乘。

「新家落成」入厝儀式

四月二十六日下午兩點，我們在組合屋內進行簡單的入厝儀式。時間還沒到已有一群記者在外等候，嬸婆坐在屋內。天下著雨，屋內地板都濕濕的，我們擦拭一下後在前後門出入口放上乾的破布當踏腳墊，大家分工合作，有人忙著列印「新家落成」入厝記者會的聲明稿與海報。

我們本來安排堂弟與都更盟在記者會上說明，但是他中午回去臨時住所更換衣物，來不

戴口罩是建商、同意戶，以及他們派來的走路工，他們穿著同樣的黃色雨衣和同一款口罩。我們和聲援者都沒戴口罩。／許哲韡提供

及趕回來，現場只有我和嬸婆兩個王家人，不得已只好由我代表王家人發言。再次面對十幾個鏡頭與記者，讓我備感壓力。父親一直打電話叫我不要發言，他曾經被建商提告，擔心我若不小心說錯話也會跟他一樣招惹一身腥；但現場情況緊迫，我只能先安撫父親，趕緊思考發言內容。

記者會開始後，先由都更盟阿三哥發言；他呼籲違背人權的「都更36條強拆惡法」應該刪除，也控訴政府無所作為，縱容建商私下動用私刑來搶地。

身為王家人，我的心還在顫抖；輪到我發言時，我看了一旁身心疲累的嬸婆，想著當天清晨被襲擊的慘況，最後決定脫稿，直接說出了當下的心情：

王家與三十六戶同意戶一樣，「只是想趕快回家」，並希望樂揚建設及台北市府盡速出面負責、解決問題，不要惡意製造王家人與同意戶的對立。今天清晨市府依然毫無作為，不僅無視於樂揚建設持續在外對王家造謠抹黑，甚至放任建商對王家粗暴挑釁而不管。接下來我們會持續抗爭，不會被建商打倒。王家堅持原地重建的訴求是不會改變的。

我也代表王家感謝所有幫助我們的朋友和 NGO 團體，之後我攙扶嬸婆在組合屋前「過火」，象徵去穢祛厄、消災禳禍，並在組合屋門上重新安上王家的地址牌。我摸了摸門牌，衷心希望王家能平平安安，不再被人欺負、不再流離失所。

記者會結束之後，為了避免隨時被對方偷窺組合屋內的情形，我們買了十幾張牛皮紙，請學生貼在透明窗戶上，暫時解決了安全的問題。我們再次檢查屋內的狀況，發現前後雨遮面積不足，與廠商協調幾天後安裝上了新的雨遮。室內缺少收納櫃，學生的物品與包包只能放在地板上，小姑姑見狀出資添購雙人床與萬用鐵件組裝成的櫃子。我們不知道組合屋何時會被對方摧毀，但我們會一直守住這個新家。

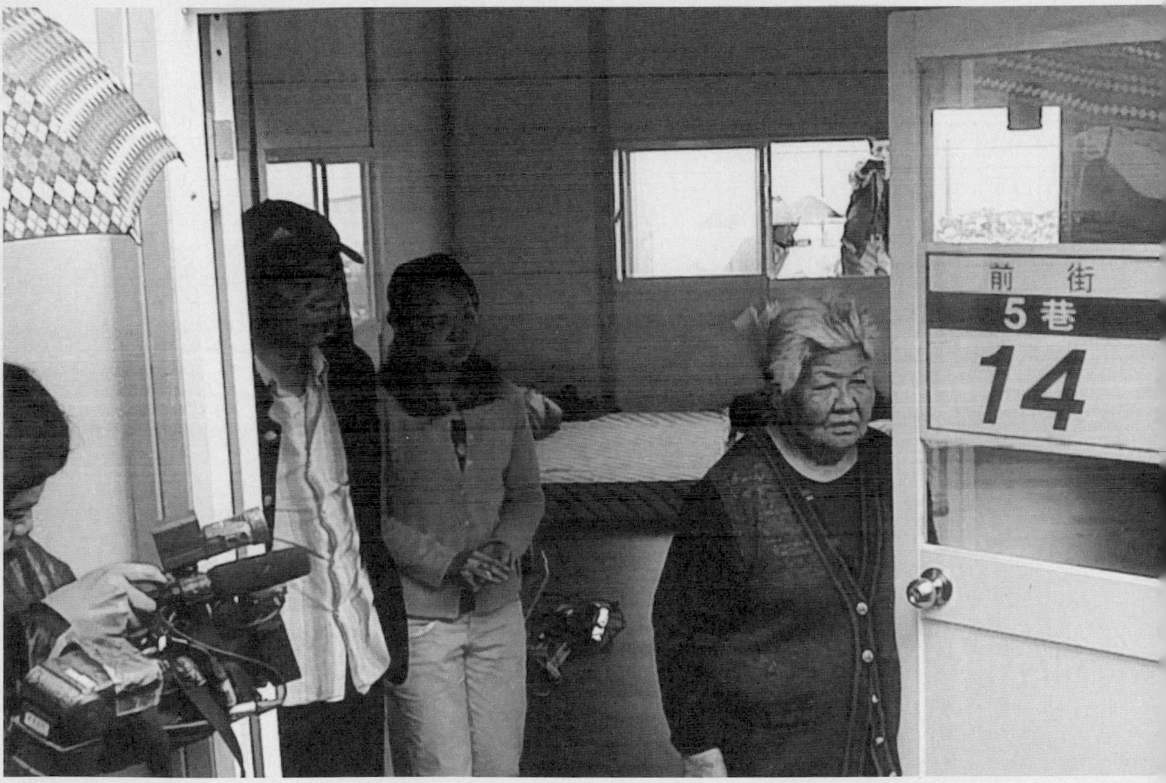

重新貼上門牌，重新安頓一個「家」。／珠珠提供（影片截取面）

他們不間斷的凶狠攻擊，無非想要讓學生身心疲累而離開。警察完全無所作為。我前去了解學生的傷勢，他們笑著說沒事，被撕破的褲子還被學生當成鯉魚旗掛在殘破的柱子上，成為「戰役之旗」，象徵開啟與建商的對決。

建商、同意戶與市政府已結盟成一個陣線，用財力聘僱工人、動用怪手來欺負王家人與聲援者；我們只要稍不留神，就會失去組合屋。令人心寒的是，台北市政府始終放任建商，我們只能持續且無預警地被欺壓。

而我的膽子也越來越大了，面對朝夕相處的怪手已成習慣，撐著一把陽傘，坐在怪手前用肉身抵擋，早就是家常便飯。

圖／王瑞霙攝。

第四章：抵抗

第一節：搶地戰役開打

貨櫃屋侵占十八號地

二〇一二年四月二十六日新厝落成後，隔天組合屋正後方的工地搭起了棚子，二十八日一早幾位同意戶就坐在棚內吃早餐、看報紙，時間到了就拿大聲公對著組合屋內的學生喊話：「學生趕快回家，不要再待在這裡，你們父母很擔心你們，趕快回家吧！」每天早上的「呼叫學生起床運動」還不到一星期，學生與聲援者就已經習慣了這群人不定時來攪亂生活，如此到了六月份，並沒發生其他太大的事件。

直到六月二十二日早上八點多，我在捷運上接到王爸的電話，說組合屋發生問題了，建商派了很多工

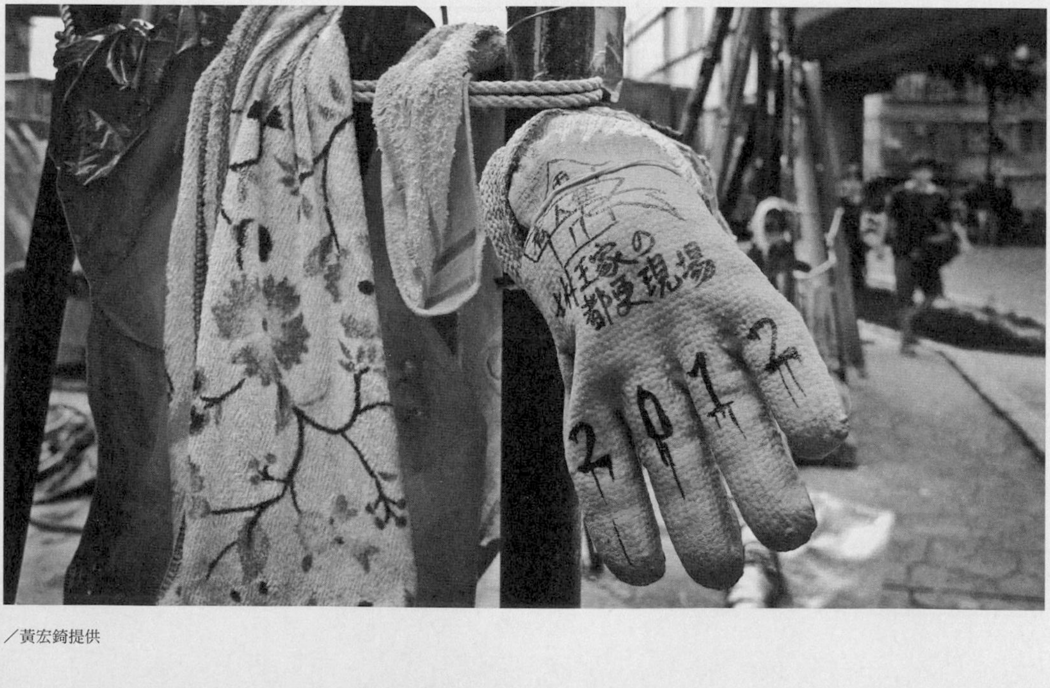

／黃宏錡提供

人，還有吊車和貨櫃都在現場。我趕到時，父親已在現場，十八號地上出現一個貨櫃屋與兩台怪手，還有一台吊車，工地來了一些警察，冠均常穿的寬鬆褲子已被撕爛丟到一旁，哲韡去了醫院驗傷，靠悲、家駿叔叔與其他聲援者也都站出來，Ivy正在用手機錄影，父親則去了一趟警察局，嬸婆呆坐在組合屋外的椅子上。

一問之下，得知一早對方工地出現兩台怪手、兩台山貓，工人進行了開工拜拜的儀式，八點多建商派一台吊車強行把貨櫃屋放進十八號嬸婆家的土地上，過程中建商派許多工人趕走學生，冠均與靠悲為了阻止對方，趕緊坐在十八號地上用身體擋在貨櫃屋下方，結果謝姓同意戶拿著大聲公在現場指揮工人：「把他拖出去！」冠均的褲子被工人扯爛了，手腳受了點皮肉傷，父親剛好趕到現場，這時貨櫃屋已快要放下來，離地不到腰身的高度，父親與其他人試圖用手把貨櫃屋推開，但還是被工人阻擾而失敗了。

當時現場除了那幾位同意戶，還有一位聲稱是同意戶的「好朋友」（事後調查才知道這位鍾姓好朋友是一家公關公司的人），以及高姓工頭與彭姓工頭帶著十幾名工人。這位彭姓工頭非常凶狠，四月二十五日夜襲組合屋時，他被拍到作勢揍人的畫面，而這天他竟然在現場當著警察面前攻擊正在錄影記錄的哲韡，用工地帽敲擊他的手，還用肚子去頂撞他的身體，哲韡重心不穩跌倒，他還嗆聲說他沒有打學生！他們如此凶狠攻擊，無非想要讓學生身心疲累而離開。警察完全無所作為，聲援者已將這一切錄影存證。我前去了解冠均

1.

與哲韡的傷勢，他們笑著說沒事，冠均還自侃說他的垮褲可以光榮退役了，後來這條撕破的褲子被學生當成鯉魚旗掛在殘破的柱子上，成為「戰役之旗」，象徵開啟與建商的對決。

天空不時下起雨，暫時緩和現場一觸即發的氣氛，王爸與堂弟都在，氣憤地看著被怪手與貨櫃屋大亂後的慘況。父親要求高姓工頭把貨櫃屋吊走，但工頭一直對我們打馬虎眼，說吊車已走了不能再回頭，還說明天會再派吊車來處理。這時兩台怪

2.

手再次動工，父親、家駿叔叔和王爸衝向前阻擾，交戰一回後對方停止動作，但沒過一會兒停在十四號地與十八號地中間的怪手又再啟動，試圖把隔開十四號地與建商工地之間的土堆屏障清空，若土堆被清空組合屋的處境會更危險，因此激動的父親與冠均再度衝向怪手前方，用身體阻擋。這樣一來一往好幾個回合，從早上持續到下午，眼看十四號地上的土堆屏障越來越少。

我們回到屋內討論對策，原先撤回工地後方的工人發現我們沒在外面，兩名工人又偷偷把怪手的機械手臂舉起，壓在貨櫃屋頂部，我們發現後馬上衝出屋外，工人才離開怪手回去後方工地，嘴裡說著「是他們要我做的」。我們知道工人也是受人之託來做事，父親與他們同樣都是工人出身，也了解底層工人的辛苦；只是，工人沒有拒絕而動手做這一切欺壓百姓的事，卻要我們王家體諒……這是一個悲劇的場景，有錢有勢的人用錢財僱用窮人幹壞事，而窮人發現他要謀害的對象卻跟他一樣是弱勢者。這或許驗

1. 左方是十八號地被強置的貨櫃屋，右方是十四號地組合屋。／王瑞霙攝
2. 悅瑄、熊貓和若有三人在嬸婆家前舉牌，對建商做無聲的抗議。／黃宏錡提供

證了「有錢能使鬼推磨」的道理吧！

大家氣憤地看著兩個狼狽的落跑工人一邊跑一邊回頭看我們是否有追上去，建商用這種惡劣的手段對付我們，而台北市政府卻只相信建商的話，沒錢沒勢的老百姓只能受他們欺壓；政府與財團聯手欺壓百姓，真要遇到了才真正體會這種「叫天天不應、叫地地不靈」的心情，我們只好把怨恨化為繼續抗爭的動力。錯的是政府、建商，我們只不過是堅持不願參與都更合建，為何卻被硬生生拆了家園？這是多麼可怕的多數暴力！在這個號稱民主法治的國家發生這種事，實在非常可恥。

政商欺壓讓人無奈

六月二十五日，趁部分王家人前往法院開庭，建商工地上出現一台吊車與貨櫃屋，似乎有意把貨櫃屋強行放在十八號地上，現場剩下三位姑姑、嬸婆、王媽等女性長輩留守，還好父親與都更盟和聲援者很快趕到現場支援，大家快速分配工作，冠均與慶寧鎮守在組合屋屋頂上，恩恩負責錄影，靠悲與八六在現場控制突發狀況，之後林暉鈞老師與阿雄、阿三哥、哲韡、永勝大哥等人也趕到現場。

在警察調解下工人才離開怪手，但十六號地怪手工人一離開，十八號地上的怪手又啟動了，一旁的四姑姑與王媽忍不住只好跳上履帶與怪手對峙，並勸怪手工人離開，工人面有

嬸婆苦勸工頭把怪手開走。／王瑞霙攝

難色看著我們，不敢離開怪手控制室。為了制止他們破壞，姑姑與王媽只能一直站在履帶上，我和冠均守在最靠近組合屋的怪手前，三姑姑因奔走在瓦礫中，夾腳拖也穿破了。炎熱的天氣我們撐著洋傘守住怪手，林暉鈞老師趕緊幫我們買水與毛巾，還幫姑姑買了一雙拖鞋；學生們貼心遞上椅子，他們的體貼讓人窩心。

後來建商工地出現一台吊車與貨櫃屋，吊車把貨櫃屋吊到十八號地旁邊，王爸、父親趕緊再要求高姓工頭把之前放在十八號地上的貨櫃也一併吊走，他當然不肯，說那個貨櫃屋是同意戶自救會要他們放的，不是建商的東西，所以不能移走。我們無法接受這種說法。除了近距離與怪手工人對峙外，我們還錄影存證，最後環保局的人員出現，建商見苗頭不對，才結束這場鬧劇。

我們漸漸適應這種種惡劣且危害生命安全的手段，也已經找到應對的模式，但令人心寒的是，台北市政府始終相信建商的言論，我們只能持續且無預警地被欺壓。這樣的處境原以為只在電視中才會出現，沒想到真實地發生在自己身邊，我深陷在無奈且無助的情緒中。

1.

台灣號稱民主體制，但多數暴力的毒害隨處可見，最終歸咎於政府漠視基礎民意，制定的法律不合邏輯，才讓建商財團有機會仗著「合法」來欺壓百姓；更令人不解的是，法律有缺失卻不願解決，而是想盡辦法「粉飾」缺失，最終受苦的是人民。

2.

1. 我與冠均守住靠近組合屋的怪手，冠均淡定看書，後方的建商工頭正在回報現況。／許哲韡提供
2. 冠均與慶寧兩人鎮守在組合屋屋頂上，防止怪手襲擊組合屋。／王瑞霙攝

第二節：戰役前線的日子

強拆後的二〇一二年夏季，現場出現幾次重大衝突，我們每次都在臉書上貼出即時動態，讓關心我們的聲援者了解王家當下面臨的威脅。現場與我們並肩作戰的學生將最直接的感受寫在網路上，甚至號召更多網友來支援，來到現場的朋友不分男女老少，都可感受到最直接的震撼教育。

從六月二十二日組合屋建成之後，我們的生活幾乎每天都要與工人上演「搶土大戰」，眼看著我們家的殘骸瓦礫被工人越挖越少。這些東西在別人眼中是瓦礫，對我們而言卻是家被摧毀的證物；為了保存證物，我們決定用沙包袋打包瓦礫，然後堆起如同戰場的沙包碉堡，與建商的工地劃清界線，成為保護王家兩戶土地的屏障。

以下以日期序列來記錄這一年夏天我們面臨的大大小小衝突。

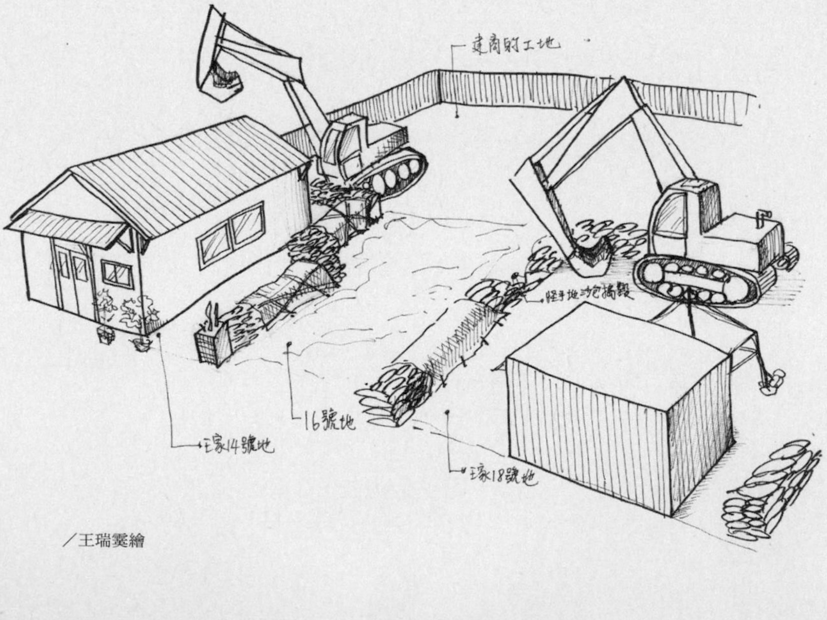

／王瑞霙繪

七月九日

早上工人挖走十八號地的瓦礫，裝滿三台推車，過程中工人故意推擠學生，讓學生受傷。下午工人改偷十四號地組合屋後方的瓦礫，有些學生出來阻止，哲韡在一旁錄影，彭姓工頭趁大家不注意時從他們工地提了一桶砂土污水，潑灑向哲韡等人，旁邊的學生與堂弟也全身濕透，其他工人則開心大笑。

七月十日

下午有一群高中生來訪問我們，晚上許多聲援者與我們一起整理瓦礫與沙包，但工程浩大，需要費時多天才可完成，我們先將部分已完成的沙包堆回原來的位置。

七月十二日

下午兩點十五分，靠近組合屋的怪手發動了，但卻是怠速狀態，他們把怪手排氣口朝向組合屋的窗戶，不斷排放廢氣持續半小時以上。這情況後來經常發生，大家稱之為「怪手放屁」。我們打 1999 市民電話投訴，哲韡則直接用相機記錄他們的惡劣行為，彭姓工頭帶著兩個工人（阿凱與坤達）在橋下拿著鐵棍作勢要「修理」哲韡。晚上十點多彭姓工頭又出現在橋下，拿一片 DVD 給晚上值班的保全，遇到學生時又撂下狠話說要用「社會事」來處理哲韡等人。

七月十三日

一早現場的三部怪手一起啟動，有的對著我們放屁、有的在施工，三位工人故意坐在組合屋前的橋下，其中一個用ＤＶ對著組合屋裡錄影，疑似要記錄屋內每個聲援者的樣貌，還好佳君趕緊拿了一塊白布掛在屋前阻止他們拍攝。我們不知道對方有何企圖，許多朋友都擠到屋內守住組合屋，怪手對著房子放屁，我們只好把窗戶關起來，導致屋內悶熱難耐，大家只能默默忍受，吃著珠珠做的冰棒與青草茶消暑，直到環保局的人來了，放屁怪手才熄火。

工人阿凱坐在屋外，腳邊放了鐵棍，像是要等哲韡出現，下午他一直拿鐵棍拖著地面發出刺耳聲音，一路從他們的工地拖到組合屋前，我們感受到生命威脅，立即報警。下午四點警察來到橋下，阿凱說鐵棍是王家人的，現場剛好有一組媒體人員看不下去，詢問屋內是否有人拍到工人拿鐵棍的照片，我拿著手提電腦給警察看阿凱拿鐵棍的畫面，結果警察淡淡地說：「好，我知道這鐵棍是工人的，你要不要向他提告？」我反問警察：「他是現行犯，你為什麼不可以把他帶走？」警察說這是私權糾紛，他們不介入。警察一走，彭姓工頭馬上教唆正在動工的怪手移到組合屋後方，用兩台怪手在屋子後方與右側朝我們放屁，直到他們下班才停止。

1.

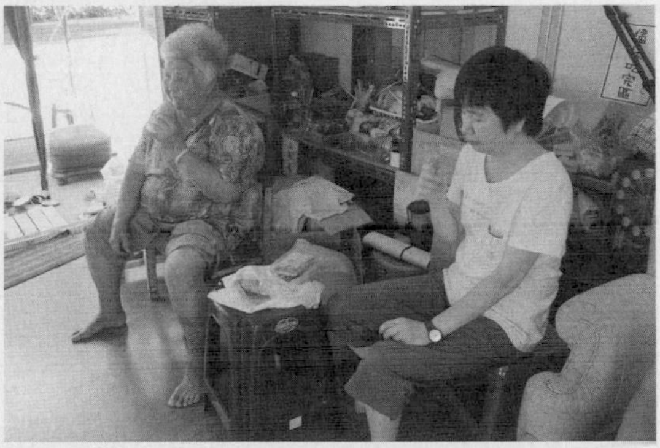

2.

3.

4.

1. 左一是阿凱，凳子下放著鐵棍，與其他兩名工人在王家門前堵學生，我們用白布阻擋他們窺視屋內情況。／王耀德攝
2. 坐在門口的嬸婆與珠珠正在吃冰消暑。／黃慧瑜提供
3. 傍晚大家放鬆心情在屋前討論晚餐要吃什麼，靠悲與八六整理附近行道樹修剪下的樹枝，準備拿來當火箭爐的柴火。／老 K 攝
4. 冠均守在屋後，無奈地看著後方在「放屁」的怪手。／王瑞霙攝

居住正義
居住正義

大家在大熱天中午冒著中暑風險擠在狹小的屋內，一起守著組合屋。／王瑞霙攝

七月十九日

早上阿凱與另一個工人到十八號嬸婆家的地上搶沙包，阿凱負責動手，另一名工人錄影，二姑姑發現後呼叫我們。他們把沙包拖到建商的工地上，我、靠悲、熊貓和二姑姑一邊阻擋阿凱，一邊報警，這時他拿起美工刀直接割破沙包。警察到來後他才停止。

七月二十二日

當天中午我們正開心地在組合屋內為王爸慶生，對方又開始搶嬸婆家地上的沙包，到了傍晚我們用大帆布覆蓋在沙包上，用繩索固定，值晚班的保全卻因此與我們直接衝突，試圖要把我們綁好的繩索扯下，在一陣混亂中許多學生被繩索反彈而受傷；下午趕到現場來幫忙的小姑，為了不讓保全破壞繩索而用力抵抗，手掌也受傷了。

七月二十三日

早上十點四十分至十一點四十分，幾名工人走到組合屋後方的瓦礫堆，把土石搬到他們工地的推車上，嬸婆、王媽、八六、Ivy、哲韡、黛安娜、老陳馬上上前護住土石，把被搶的土石搬回來，就這樣在大熱天搶土石。警察來了，工人說要告我們七人「強制罪」，於是一群人就被帶到警局做筆錄，現場只剩 Alan 一人留守，「法律叔叔」也一同去警察局與建商余姓工頭協調。「法律叔叔」是附近鄰居，自學法律，熟知法條與法律事務，所以有這個稱號；當時他常到組合屋來跟我們講解民法與刑法的知識，給予我們許多法律上的建議。

當天在警局協調後，雙方撤告，協議的內容為：對方可以給我們一個星期整理土石，把土石裝袋成沙包後作為地界隔開雙方土地，在這段時間內他們不會來干擾我們，也不會再偷我們的沙包。可惜這個協議內容只寫在警察局的某個本子上，我們手上並無書面證據，結果還不滿七天，七月二十九日下午三點他們就把我們已堆好的沙包偷走，再度上演搶沙包戲碼。警察到場後，我們告知之前兩方在警局達成的協議，但警察竟然否認此事。後來搶沙包運動持續每天上演。

九月四日

同意戶與他們的好友公關公司鍾先生，還有建商派來的許多工人突然來到現場，強行要以鐵圍籬封住十八號地。余姓工頭、坤達和幾名工人推開靠悲，Ivy 與慧瑜用身體擋住工人要封起的圍籬範圍，結果工人不管兩位女生的安危，直接用鐵片壓在她們腿上，靠悲見狀憤怒地用手敲打旁邊已豎起的圍籬，分散工人的注意力，兩位女生才脫困。這是本日第一波衝突。

第二波衝突時，許多聲援者紛紛趕到現場支援，Ivy、慧瑜、滷蛋和阿三哥等人直接坐在他們要封起的鐵架上，這次對方更瘋狂，連同意戶也加入拉人的行動，拿起鐵板直接放在圍籬鐵架上，用螺絲鎖住，多名工人更直接把鐵板壓往坐在鐵架上的女性聲援者身上。在混亂推擠中，一個男性同意戶粗魯地拖出坐在鐵架上的慧瑜，而另一個工頭從Ivy背後抓住她的胸部把她拖走，我們的影片記錄了這次可怕的封圍籬過程。站在一旁的警察默不出聲，直到發現女學生被拖扯在地面上才出面阻止，但坤達不管警察勸阻，一直要把鐵皮再度用力壓向阿三哥身上，阿三哥憤怒喊說：「警察在哪裡！警察在哪裡！」警察才對坤達說：「不要推，小心會危險喔！」一位女性同意戶在旁邊對著阿三哥咆哮。

這一天非常混亂，工人一時要封圍籬，一時又在十八號地上啟動怪手，嬸婆一人撐著洋傘站在怪手前阻擋，而怪

手揮舞著手臂敲在嬸婆的雨傘上企圖嚇跑她，靠悲與慧瑜發現了趕緊擋在嬸婆前面，深怕怪手傷了老人家。這一連串建商聯合同意戶的搶地戰役，持續到下午工人下班後才停戰，大家都精疲力盡，但憤怒的心情與壓力也越來越大，Ivy、慧瑜和靠悲身上都是傷。

當天 Ivy 在現場跟警察表示要提告對他襲胸的工頭「性騷擾」，警察竟然回答她說今天有搶案，他們人手不足沒空幫她處理案件，要她改天再去報案。我們覺得事有蹊蹺，所以隔天中午 Ivy 直接去士林地檢署報案，經過一年的訴訟，檢察官表示證據不足，以不起訴結案。

九月五日

這一天，建商再度大陣仗派出多名工人和同意戶來到現場，當地警察當然也沒缺席。一大早嬸婆就在她家的土地上待命了，前一天衝突的刺激之下，現場來了許多聲援者，大家開始看著對方的三台怪手，分配人力在十八號地和十四號地就位。高姓工頭對學生放話說他們的主要目的是要摧毀十四號地的組合屋，還譏笑學生「笨笨的」守在十八號地；然而我們覺得他想用調虎離山計，先封十八號地，再毀組合屋，因此大家還是戰戰兢兢留守在自己的崗位上。

後來士林文林派出所所長來到現場，在十八號地上勸家駿叔叔把不相干的人包括學生請

一早由於人力不足，嬸婆一人獨自對抗怪手。／台灣都市更新受害者聯盟提供

出我們的土地，我馬上向前直接詢問這位警察，他表示「人家公司（指建商）也有公司的權利啊」，所以希望不相干的人（指我們的聲援者）離開現場。

「你可以請工人和怪手離開我家的地嗎？」他說他不能這麼做，我說：「他們占了我家的地！你看不出來嗎？」他不想再跟我說話，只找家駿叔叔說，再次勸我們叫學生離開，我說：「我也是王家的人，為何不跟我對話？」他說他「正在和王家人溝通啊」。我說：「從三二八到現在，你們警察到底有沒有保護我們王家人和聲援者？你憑什麼要我們叫學生走？學生走了工人就會挖我家的地，難道你不知道嗎？這就是你保護我們的方式？」結果他轉頭不想再跟我對談，在他眼裡家駿叔叔是所有權人，而我只是沒有分量的人。

高姓工頭當著眾人面前（包括這位警察）突然啟動組合屋後方的怪手，把怪手的手臂高舉在組合屋上方，從屋頂的學生頭頂上晃過，這舉動擺明挑釁和威脅，現場的警察卻不為所動，當一位記者詢問警察為何叫王家人把學生請走，所長說：「人家（指建商）只是要清理工地現場而已。」這句話代表警察早已認定王家的土地是建商的工地，所以才會放縱建商工人在這裡大勢動工。

工人午餐後就開始動工，他們啟動放在嬸婆家的怪手，揮舞手臂搗毀嬸婆家的沙包牆，再破壞嬸婆家與十六號地之間的地面，模糊化兩地的界線，之後怪手伸向十六號地，瘋狂亂挖一通，法蘭克、慧瑜、鯨魚站在我們組合屋與十六號地之間的沙包牆上，形成一道人

怪手故意把手臂放在組合屋上。／楊小二提供

1.

2.

肉牆面阻擋怪手；怪手刻意用手臂在法蘭克面前揮來揮去，作勢要衝撞他，之後再退回到嬸婆家。他們出動組合屋後方的怪手，移向十六號地的後方，怪手手臂拉到非常靠近組合屋的側邊。

嬸婆撐著洋傘與她的家人站在自家土地上，眼睜睜看著怪手在眼前把他們住了六十幾年的房子地面催毀，看著她那無助的眼神，我想她的心早已被撕得粉碎。

過一會兒，位在嬸婆家的怪手突然往後退，差點壓到後方聲援者，大家衝向前來，這時靠悲馬上跳到怪手駕駛室上方，直接掀起頂部氣窗跟他對話，結果怪手司機不但不理會，還一直往後翹，試圖要把靠悲從頂部甩下來，警察只站在後方用Ｖ８錄影，根本不想阻止現場的危險狀況。留守在組合屋的我們實在憤怒得看不下去了，大家一起喊「怪手退出去！怪手退出去！怪手退出去！」聲援者與建商的工人都靠向前來，怪手司機發瘋似地把手臂頂在地面讓整部怪手車身翹成三十度，在怪手頂上的靠悲用雙手抓住氣窗，以雙膝跪著的姿勢保持平衡，有些聲援者嚇得尖叫，冠均趕快跳上怪手履帶，一直拍打駕駛室的門，叫司機把怪手放平，現場大家再度大叫「怪手退出去！」這時，才有一個警察緩緩走向前。

老王從臉書得知現場危急，馬上從公司飛奔過來，拿起大聲公與我們一起對工人喊話，大家都已喊到聲音沙啞。這時拿著Ｖ８錄影的第二位警察走向前，沒有勸怪手司機，反而叫冠均下來，這名警察跟怪手司機溝通許久，司機才慢慢把怪手放平，我們再次要求他熄火，

1.2. 怪手翹成三十度，試圖把上方的靠悲甩下來。／台灣都市更新受害者聯盟提供

司機在駕駛室打電話向公司主管詢問。警察才剛走下怪手履帶，高姓工頭馬上又出現在怪手前面，怪手再度翹起要甩掉車頂上的靠悲，聲援者見狀，馬上跳上履帶把怪手駕駛室打開，一旁的坤達氣憤走向前，把安全帽脫下來砸向男性聲援者，結果打到一位警察，現場頓時混亂不堪，幾名工人忍不住舉拳打人，坤達突然發瘋地毆打前來勸架的聲援者 Ivy 和 Daisy Lin，還扯她們的頭髮，把她們推倒在爛泥巴上。警察、阿三哥、冠均、毛毛、鯨魚與堂弟等人急忙把他拉開，若有與黛安娜把跌倒在泥地上的 Ivy 扶起來，警察問坤達有沒有受傷，另一個警察則對阿三哥開罵，一旁女記者也遭殃，氣憤地問坤達：「你為什麼打女人！」這時坤達說要告我們的聲援者，打人的人反而要告被打的人，更荒謬的是，他竟然得到警察受理；我們反問這位所長，前一天 Ivy 被工人性騷擾時警察說沒空處理，為什麼今天工人要告我們，警察卻有空處理，所長說「沒有這回事」！

前一天才受傷的 Ivy，這一天又被人毆打，實在令人心疼，兩位女生受傷，大家都相當氣憤，我們決定讓政府知道這就是他們縱容建商的後果。工人下班後，我們把當日建商施暴的照片整理列印出來，聲援的學生一行人帶著這些照片到市政府找都更處處長林崇傑抗議。冠均對市府官員說：「建商直接叫怪手拿單輪，這樣是會搞出人命的！」聲援者要都更處保證這種事不會再發生，但官員否認建商有暴力行為，冠均反駁說：「市府完全忽視現場的暴力狀況，我們要把這些照片貼在林崇傑的辦公室，讓他看看這就是你們做的都市

站在組合屋邊的聲援者用力向怪手大喊：「怪手退出去！」／高若有攝

更新！」到了晚上，聲援者到郝龍斌住處遞交陳情書，但市府始終沒有任何回應！

九月六日

我們召開記者會譴責市府與建商，也邀請許多學者來到組合屋現場，大家嚴厲譴責政府縱容建商施暴的行為，要政府出面處理。

九月七日

建商與同意戶再度來此，要封王家十八號地。

九月十五日

十八號地的三位姑姑去找郝龍斌陳情抗議。郝市長在中山堂的文化獎頒獎典禮，勇敢的三位姑姑在會場拿著手寫的抗議標語「請勒令停工，居住正義」、「市府神隱、警察卸責」、「救救王家、暴力都更」，現場一度發生推擠衝突，姑姑們馬上被警力驅離。

第三節：是敵是友？

工人只是財團的工具

六月二十二日之後，我們每天都處於作戰狀態，兩戶王家人每天都有人來組合屋裡守家，十四號地由王媽（三嬸嬸）和我，十八號地則是嬸婆和三位姑姑；二姑姑幾乎跟公司請假一個多月來照顧娘家，堂弟需要處理許多煩瑣事務，而叔叔們為了顧及家庭基本生活開銷必須上班，所以守家的工作便落在家族女性身上。自從建商放了貨櫃屋在十八號嬸婆家的土地上後，建商每天派幾十名工人，帶著椅子一早便圍在貨櫃屋坐成一圈，現場還有一個工頭在監視這些工人，這種侵門踏戶的行為惹惱了我們，尤其是十八號地的姑姑們，眼看著自己的家園被搶、被占據，卻束手無策，只能在橋下與他們對望。天氣一天比一天熱，組合屋內的學生和大太陽底下守著貨櫃屋的工人，都在受苦。

現場有一位學生熊貓開始跟這些工人聊天，想要了解他們為何會接下這種工作。許多工人都各有艱辛的生活，在現場工作只是為了填飽肚子。學生說明後，這些工人才了解我們

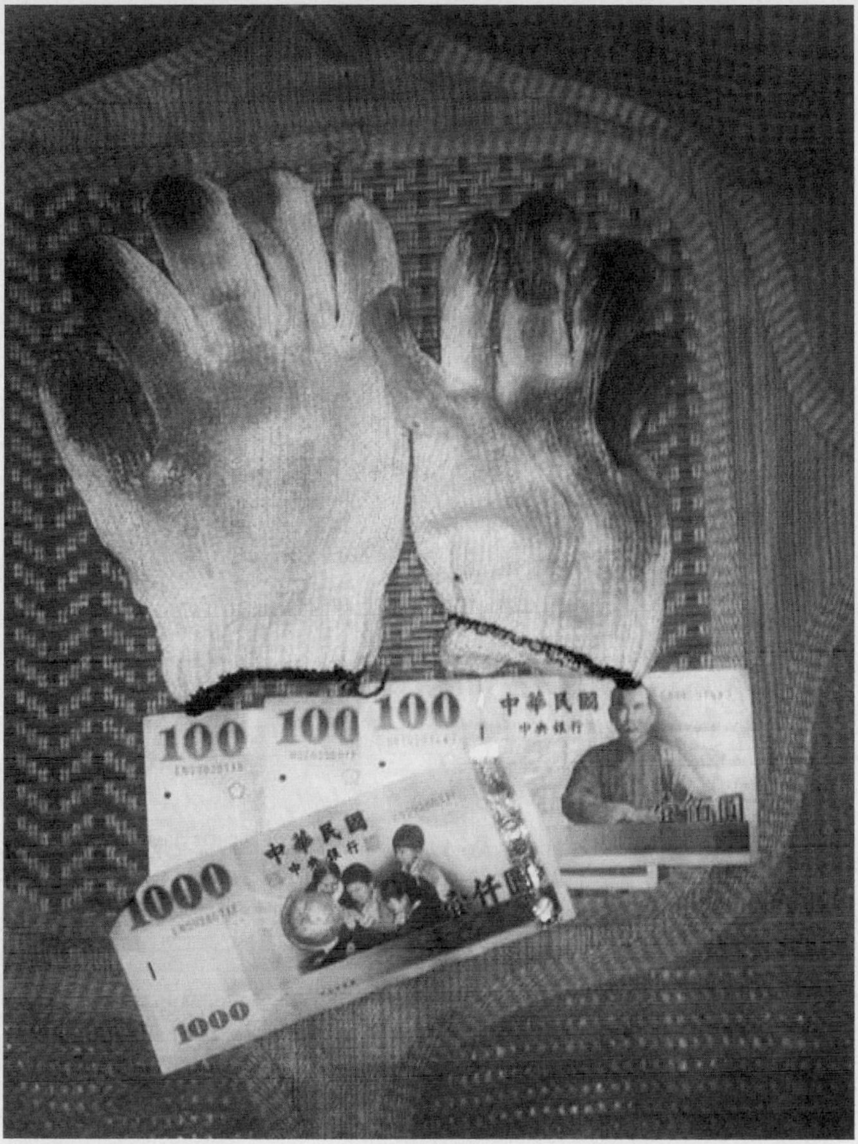

有一位工人在臉書貼上這張照片，是他的工作手套，以及在士林文林苑工地賺取的錢。他說這是一件輕鬆的工作，不到三小時就領了一千三百元，可是，「他媽的，這真是我做過一件最愧對台灣的事！我被分派到士林文林苑去拆厝，一些大學生在那捍衛正義，我卻為了工作要當財團的打手。」因為他與現場的學生聊天，了解學生的抗爭，因此「被老鳥大聲訓斥」。他說：「我其實已經做不下去，工頭卻逼著我繼續做。我手套上的污泥就像是沾了我同胞的血……這要我怎麼做得下去啊！手上的磚瓦砂石，就是我們台灣人的家園……我的人格原來才值這一千三百塊啊……」最後寫道：「媽的，明天我不幹了！我還要買幾箱飲料去贊助那些聲援王家、在那裡抗戰的勇士們。」幾天後他又在臉書上說：「的確熱血和正義不能當飯吃，但我是不會靠強拆別人房子吃飯的！等什麼時候他們王家要重建，我再去做個幾天粗工還他們吧！」／簡翊展提供

36户弱勢
有家歸不得

1.

排除王家
原地重建
36户弱勢
保衛家園
弱勢的同意户
應优先保護
36户弱勢
有家歸不得
弱勢的同意户
並未受到保護

2.

為何要抗爭，甚至有些工人跟熊貓聊完之後就離開了。有一位工人覺得他幫建商看顧貨櫃屋，是件讓他羞愧的工作，離開之後在臉書寫下他的心情，還熱心地問我們需不需要他來幫忙留守組合屋，但考量他未來的工作機會，學生們回絕了他的心意。後來他帶了一大袋飲料到組合屋請大家喝，這讓我們很意外，原本的敵對狀況因為彼此溝通而產生微妙的融合。

「有沒有錄到？」

幾個現場工人離開後，又出現一批新的工人來替換，建商發現學生與工人互動而導致工人流失的情況相當嚴重，趕緊下令現場工頭禁止工人跟我們接觸，過幾天又下令工人對我們展開挑釁行動，例如偷搬組合屋旁的瓦礫。這些瓦礫是我們原來房屋被強拆後的殘骸，有磚頭、水泥塊、外牆磁磚、雨遮鐵架等等，都是我們王家的財產，我們把瓦礫圍在組合屋與十八號地的周圍，成為我們與對方工地之間的一堵屏障，但他們唆使工人打破這個界線，因此我們判斷這是挑釁行為。建商為了讓我們不得安寧，一下偷搬瓦礫，一下又啟動十六號地上的怪手作勢要施工，我們一直處於精神緊張的壓力之中。

有一天早上，我和一位剛來不久的同學熊貓留守在組合屋，嬸婆、王媽和二姑姑三人坐

1. 建商派工人看守貨櫃屋。／王瑞霙攝
2. 兩位學生融入對方陣營裡。建商、同意戶和市府已成為同一陣線，用財力僱用工人舉牌，標語聲稱同意戶是「弱勢」，這是最荒謬的場景之一。／許哲韡提供

在捷運橋下聊天，我們突然聽到十六號地上的怪手啟動，便衝出去查看，發現他們又有行動了。熊貓回組合屋拿錄影機記錄，我在怪手前打電話向正在上班的父親求援，第一次要自己面對突發狀況，有些不知所措。父親說，怪手在施工時迴轉半徑內是不可以有人的，叫我站在怪手要挖的地方，先用身體阻止工人動工，他隨後趕到。

面對這龐然大物，我感到不安與恐懼，但為了阻止怪手我只能照做，開怪手的高姓工頭一直勸我離開，我跟他說：「要我離開可以，你把放在十八號地上的貨櫃屋帶走，不然我不會離開！」在僵持的時間裡我繼續聯絡都更盟的朋友，也打給遠在桃園上班的王爸。事件發生的地點與橋下中間有圍牆擋住，所以在橋下的王家長輩無法立即看到我們的危急情況，待他們發現異狀後卻被另一名余姓工頭牽制住，工頭優哉地對她們說：「那裡那麼熱，不要去啦！讓其他人去忙就好了！」工地上還有兩名工人在監視。

父親趕到現場看見我就站在怪手手臂下，他氣憤地衝進現場，橋下的長輩這時才發現事態嚴重，馬上朝我們方向走來。父親撿起地上的石頭丟向怪手，後來又發現有一名工人手拿錄影機對著父親拍攝，父親更氣了，朝這位工人跑去，我見情況不對勁，趕緊報警。熊貓和我一邊衝向前阻止他們，一邊用我的手機錄影，但為時已晚，眼前看著六十多歲的老父親與工人扭打在地上，心都淌血了。我激動呼喊著，心情接近崩潰。父親看到我被威脅，護女之心使然，無法再平和面對，而作為女兒的我卻只能眼睜睜看著他受傷，當時我真的

二姑姑和靠悲在我們家的土地立上告示牌：「王家私人土地」。／許哲韓提供

王家
私人土地

很後悔通知父親。其他派遣工人衝向前把他們拉開，一旁監視的彭姓工頭竟然笑笑地問正在錄影的工人：「有沒有錄到？」錄影工人回說：「有！」這時我們才發現被人設計了！把身上沾滿土石、遍體鱗傷的父親帶回組合屋，他說要先去驗傷，而我望著窗外的工地，心情久久無法平復，難道我們只能任憑建商這樣一直欺負下去嗎？我沒辦法理性面對這事情，心裡一直想著：難道對方強拆我們房子還不夠，非要我們賠上老命才肯罷休嗎？這時我腦海閃過一些危險的念頭。屋外的法律叔叔察覺到我的表情不對勁，走進屋內第一次主動跟我說話，要我先冷靜；他一直用客觀與理性論點勸我，我慢慢恢復理智，心情也平復許多。

我開始學習如何忍耐，被欺負時只能忍住不能還手，因為對方就是要收集我們憤怒反擊的畫面，日後作為攻擊王家的題材。果然，不久後對方在網路上公布父親那時候反擊的畫面，刻意用此影片醜化王家。影片只有斷章取義，看不到王家人憤怒的前因後果。自從那件事之後，即使遇到再危險的情況，我也不再敢打電話給父親，只會每個星期跟他說明狀況，讓他了解事態發展。

我的膽子越來越大了，面對朝夕相處的怪手已成習慣，撐著一把陽傘，坐在怪手前用肉身抵抗，早就是家常便飯了。

怪手試圖要破壞十八號地嬸婆家僅剩的地面。／王

主動接觸陌生的朋友

抗爭前期，十八號地的姑姑們有空都會來組合屋，當時學生來來去去非常多，大部分人姑姑們都不認識；有頑皮的學生拿我們自己準備的工地帽演行動劇，有一次若有載著工地帽，從組合屋側邊走去，工地帽上還 KUSO 畫了「台北好好拆」的圖案，結果姑姑誤以為對方的工人走進我們的地盤，馬上前去理論，我們趕緊出來說明他是學生不是工人，才化解誤會。

這種分不清敵我關係的現象，在初期時常發生，有些關心我們的社會人士在屋前徘徊，處在壓力中的我們有時會誤以為那是對方派來監視我們的人。後來我們主動上前接觸這些陌生的朋友，與他們聊天，順便介紹事件的原委與我們堅持抗爭的理由。經由我們的說明，很多人都能理解，大部分人都說，這與平日所看到的電視新聞不一樣。確實，除了 PNN 與《苦勞網》等幾個非主流媒體，很多新聞媒體只看到事件的表面，不會深入報導，而且現在許多商業媒體的言論都操控在政府或少數財團手上；以報紙為例，攤開一看都是全版的房屋廣告，那是可觀的廣告收入，所以房地產業者、建商早就成了報紙真正的老闆，他們怎麼會允許自己的記者去報導對「大老闆」不利的新聞呢？

有一天假日，三姑姑的兒子第一次來到組合屋，看到自家的土地上放置著貨櫃屋，還有工人圍在貨櫃屋旁坐成一圈，姑姑們則站在前方無奈地看著這些工人，苦口婆心勸他們不要當建商的打手，姑姑的兒子以為工人要欺負母親，趕緊走向前而驚動了工人，有幾個工人突然站起來作勢要對付他，之後馬上發生激烈的拉扯；我們在屋內聽到吵架的聲音馬上出去勸阻，防止擦槍走火，我父親立刻擋在兩人中間，一邊對著未曾謀面的表弟喊道：「我是你舅舅啊！不是建商的人啊！」兩戶王家人的晚輩都分散在各地，平時很少聯繫，所以才會造成互不相識的窘境。

我們把這位剛到的表弟介紹給屋內的學生與聲援者認識，他是十八號地三姑姑的兒子，由於身材高壯，我們都稱他為「高弟」。後來他偶爾會來現場看看我們，幫我們阻擋工人偷搬土石，有一次工人想從他後方故意撞倒他，結果高弟穩如泰山一動也不動，而襲擊他的工人反而差點跌倒，現場學生看得目瞪口呆，從此高弟多了一個封號：「人形坦克車」。有高弟在的時候，大家都很安心，畢竟現場工人會敬畏他三分。被學生崇拜的高弟，除了有強健的體魄還有優秀的文筆。有一陣子對方在網路上惡意攻擊我們，許多學生與對方打筆戰，那個時期突然出現一位新戰友，文章條理清晰，把不明事理的對方打得體無完膚，大家都很好奇這到底是誰。在某個機緣之下我們得知這位高手就是高弟，文武雙全的他讓大家又驚又喜，甚至有些學生慕名而來，可惜高弟後來因為工作，不能再到現場支援了。

第四節：王家女兒軍

王家女兒的堅強與無奈

有的人說「嫁出去的女兒如同潑出去的水」，女兒出嫁離家時，即象徵與原生家庭不再有關聯，女兒成了夫家的人，因此家裡的土地或房子權狀幾乎都只留給兒子，我們王家也是如此。可是，即使女兒不是土地所有權人，難道就不是王家人嗎？

1.

十八號地的嬸婆有兩個兒子、四個女兒，十四號地（我們家）有三個兒子一個女兒，在這場捍衛家園的戰役期間，雖然王家兩戶生活條件不同，但身為王家的後代不論男女都挺身而出，站在前線阻擋這龐大的勢力。我看見王家兩戶的姑姑們出錢出力守著一絲希望，但同時卻引來了一些批評的聲音，質疑她們是不是為了要「分一杯羹」，甚至會說「這不是女人可以插手的事」。這種只考量利益的思維，讓姑姑們內心受創；她們的出發點很單純，不是為了貪圖好處，只是想保護母親（嬸婆），不忍心看著嬸婆每天坐在捷運橋下看著破碎的家園被人踐踏。

嬸婆家的三位姑姑非常團結，常常輪

2.

1. 年輕時三姑姑與二姑姑在老家後方的鐵軌留影。／王素月提供
2. 嬸婆的四位女兒。／王素貞提供

班到現場陪伴嬸婆，一有嚴重衝突，總會有一人先到現場；他們要的不是錢，而是希望嬸婆長命百歲，更希望可以早日讓嬸婆回到自己熟悉的家。堅強的姑姑總是不畏懼工人的挑釁，奮勇阻擋許多衝突，但時間久了，人總會疲乏失控。

有一次，二姑姑因為剛與工人結束一場搶沙包的衝突，生氣地對著自己老家方向發牢騷，結果一名工頭突然走到姑姑前面，看著姑姑說：「你為什麼要罵我！」就這樣，這位工頭直接告二姑姑「妨害名譽」，在幾次往返法院中，可以感覺姑姑內心的糾結與恐慌。為了消除她的不安與無助感，我、三姑姑和 Ivy 陪同她一起上法院，希望能給她一點力量。二姑姑常問我：「我們受了這麼大的委屈，難道不能對天發牢騷嗎？我生長的家園被人拆掉，難道我沒有生氣的權力嗎？」

出庭的壓力往往在收到傳票那一刻開始，姑姑會一直焦慮難眠到開庭當天，每每看著憔悴不堪的二姑姑坐在法庭被告席上，當法官向姑姑問話時，過度緊張的姑姑腦袋一片空白，根本無法思考法官的提問，只能靠律師不時提醒，我們坐在觀審區為她捏一把冷汗。幾次的出庭早把姑姑搞得精神衰弱，第一次訴訟姑姑被判有罪，上訴後二審法官最後勸我們與對方和解，對方工頭要我們一案抵一案，才願意和解——他要我們的一名學生撤銷提告彭姓工頭傷害的案子。可是，這是兩個案子，我們不可能犧牲學生來保住姑姑的訴訟案，所以和解庭破局，最後法官還是判姑姑有罪，緩刑處理。姑姑為了保家，斷送自己的清白，被記上一筆無法抹去的污點。

某一次衝突時，心急如焚的姑姑們突然向挑釁的工人和同意戶下跪：『求求你們放過我們王家！」突如其來的舉動嚇壞現場的朋友，但對方始終不領情，尤其是工人坤達還故意舉起雙手，作勢救世主姿態，嘲弄跪在地上的三位姑姑，這景象讓我們又氣憤又鼻酸，連忙把姑姑扶起來。我能理解姑姑們這種被逼到死角的心情，為了安撫她們激動的情緒，大家攙扶著三位姑姑回到組合屋內休息，才平息此事。

樂天派的三姑姑很好學，常常積極與我討論進行中的訴訟案內容，犧牲休息時間與我們一同在晚上開會商討重要決策。我們很需要靠她傳達重要決策給嬸婆和家駿叔叔了解，因為語言問題我們與嬸婆無法有效溝通，因此我用國語解釋艱澀的法令問題讓三姑姑了解後，她再用台語轉述給嬸婆。她們姊妹（二姑姑、三姑姑、四姑姑）為了嬸婆無怨無悔付出，卻時常換來冷嘲熱諷，她們被親人誤解，雖然感到受傷與難過，但想到自己的母親還在受苦，只能互相鼓勵繼續忍耐，做著吃力不討好的事。她們寬大的包容心，讓我敬佩。

表弟被告

我家的小姑姑一家人為了老家也是不遺餘力，除了出資蓋組合屋、購買屋內所需的家具，後來只要衝突時人手不足，給小姑姑打一通電話，她與兩位表弟就來到現場支援。姑丈與善平、詩詠兩位表弟更動用了他們的職場人脈，拜託工會、朋友、立委出面幫我們王家，可惜都石沉大海。

小姑姑陪我們一起出庭觀審，一起討論解決的方法。有一天早上，建商要用強硬手段把十八號地用鐵板封起來，下午表弟詩詠與堂弟為了幫十八號地的家駿叔叔保住自己的土地，把擋在自家土地上的鐵板拆下，結果被建商控告毀損，令姑姑擔心不已。一審後表弟被判有罪，我們家族對法院這個傾斜的天秤感到心灰意冷，不能理解為何腳踩在自家的土地上卻可以被建商告得成，所以再次提出上訴。到了二審，在庭上的最後階段，表弟詩詠用台語發言，一字一句的內心感受，打動現場觀審的朋友。以下

是他當時所說的內容：

法官大人，王家在「士林文林苑」都更案中，從未同意也未曾想參與本物件都市更新。過去在學校教育的奉公守法等道德基礎，到如今依然謹記遵守著，從未想過要上法院。為了都更案家族支離破碎，阿公、阿嬤相繼憂鬱而終，連對年都未做到，老屋就被市府及樂揚拆掉了，那刻只記得兩位老人家紙做的神主牌及遺照要帶出來。全家族的心真的碎了，這可說是無情的社會啊！

上一代留下來的我們或許沒機會發揚，卻有義務去保存，這是家訓，也是基本的，況且我們基地是在邊角上，樂揚若沒有貪圖暴利，他們可以自己建屋。現在我們王家依然是這塊土地的主人，也是所有權人。

我那八十多歲的嬸婆在這她唯一熟悉的土地住超過一甲子的房子，就在那一天化為灰燼，她常說祖的房子就像在坐牢一樣，睜開眼就要去看她的老厝，天天以淚洗面，因為她說「她對不起祖先」。樂揚用鐵皮圍著，她還是想衝進去看她的「家」，從她的眼神，她的家、咱ㄟ祖厝好像還存在。這是如此平凡的要求，但又怕她因鐵皮圍籬而受傷，咱只是想要讓她在老厝前坐坐，讓她有分存在感。老人家在家族中她是僅存的，也是最孤單，而咱做晚輩的做得到的一定要去做，人都會老，任何人都希望年邁時晚輩可以為他們做點什麼，所以我們把圍籬卸下來也未毀損或是丟掉，請法官大人明察！

小姑姑的兒子詩詠和善平。／王秀鸞攝

政府財團毀我們家園，巧取豪奪逼我走上絕路，放眼全台灣與王家類似的案件，都在權利、財力、位階不對等下，持續奮鬥著，但是這案件卻是最獨特的，影響著都市更新的公平與正義。我們只是一介草民，並非刁民；我們是有理性的，並非暴民；我們是受害者，並非眼中釘。

在齊柏林的《鳥目台灣》中，高官依舊沒看見這片土地及其子民的真、善、美，是否要逼死你的子民才肯善罷甘休！

現在的我並非完全反對都市更新，而是政府未盡到監督、把關保護人民權益的職責，任由財團與建商濫用他們的權力及財力，讓我們這群人民和政府背道而馳，對「都更」心存恐懼，還有不信任。我們如果可以奉公守法安居樂業，有誰要走上街頭、有誰要流落街頭？懇請法官大人明鑑！

可是這番話並未打動法官，二審的結果還是判他們有罪，身為人母的小姑姑非常自責，因為後家的事而讓自己的兒子深陷泥淖，最後還留下污點。此案為合併訴訟，是王家駿、王耀德、王詩詠三人的毀損案，三人皆在二審被判緩刑。

發生這事件之後，小姑姑開始關心社會議題，也會出來參與遊行抗議，例如反核大遊行、太陽花學運等等，在抗議行動中不時遇到幫助過我們的學生和 NGO 團體，小姑姑與姑丈抱著感念的心向學生致意，謝謝他們陪著我們一起度過難關。

兩戶王家姑姑們的苦痛與心酸，是外人無法理解的，即使如此，他們還是堅強勇敢地為家族大事努力著，因為這條血脈讓我們兩家連繫在一起，重重束縛與難關反而讓我們更加勇敢與團結，因為我們都是王家人。

小姑姑與姑丈。／王秀鶯提供

一定有很多人跟我一樣心中充滿疑問：為何有這麼多陌生人不顧一切前來幫我們王家人？在抗爭的這些日子裡，我後來明白了，那是因為他們看到了這個社會最真實、最殘酷的一面。

這些大學生與其他聲援者組成了王家守衛隊，二十四小時排班守著王家的土地。這是一個堅定且強大的隊伍，卻也是一股最溫柔的力量。

有一位學生在摧毀的磚牆上寫著一句話：「堅強起來，才不致於失去溫柔。」這是切格瓦拉的名言，每當我處在崩潰的邊緣，只要打開組合屋的後門，這十二個字總會拉我一把。

圖／王瑞雯攝

第五章：情義

第一節：我們都是「王家衛」

開始認識現場聲援者

強拆後我們蓋起了組合屋，建商在二〇一二年六月二十二日突然強行用貨櫃屋竊占十八號嬸婆家的土地，之後又派工人一天照三餐做出一連串的挑釁行為。為了正當防衛組合屋與保護聲援者安全，我們組成了守衛隊二十四小時排班守家，學生稱當時駐守的朋友為「王家衛」。

這期間有許多人因為保衛王家的沙包或土地而被建商提告，提告的理由各式各樣，如強制罪、毀損、妨礙名譽、妨害自由、傷害、公然侮辱等等，對方想用「策略性訴訟」來趕走聲援者；所謂「策略性訴訟」，是政府或財團在

1.

2.

1／陳虹穎提供
2／高若有攝影

消滅抵抗力量時最常使用的手段之一，壓迫者動用大量資源，對反抗者胡亂提告，讓人民對動輒跑法庭、寫訴狀、請律師感到困擾，藉此製造心理壓力，逼使他們放棄、投降，因此案由與罪名其實並不重要，壓迫者也不在乎勝訴與否。二〇一二年，學生與聲援者共有十四人被建商提告，王家有八人被提告，訴訟案高達二十多筆，很多人身上都背著兩條以上的訴訟，而我們只能自嘲可以組成「被告者聯盟」了！

往往是建商唆使工人挑釁引發衝突，我們的學生都和平應對，反而被工人用工地安全帽襲擊或以菸蒂燙傷手臂；還有工人與學生拉扯中襲擊男同學的下體。我們唯一的反擊武器是相機與錄影機，錄影蒐證以保護自己。被工人欺負的學生事後除了去醫院驗傷，還會笑笑調侃自己一番，為的就是不讓我們擔心。

一定有很多人跟我一樣心中充滿疑問：為何有這麼多陌生人不顧一切前來幫我們王家人？我們又不是有頭有臉的大人物，更沒有能力給予任何經濟利益。我不斷在思索這個問題，所以當組合屋落成之後，我開始想要認識每一個幫助我們的朋友。

了解一個人必須先知道對方的姓名，某一天早上，我和小姑姑一同到組合屋「上班」，屋內學生剛起床，我們便在屋外的長桌前看報紙吃早餐，等他們梳洗完畢後我們開始找學生聊天。有一位戴著眼鏡的年輕人，穿著一雙黑色軍鞋，我問他該如何稱呼，他害羞笑笑說他姓潘，叫他「靠悲」就好，我跟小姑被他的綽號嚇了一跳，這不是不雅的話嗎？

這是二十四小時被建商監控的抗爭現場，充斥著未知的危險，不知何時會陷入被建商提告的潛在危機，或是成為同意戶在網路上惡意中傷的對象，所以使用綽號不只是好記、親切，更有實際的安全考量。

但我們當時只敢叫靠悲作「潘同學」，他是剛退伍的年輕人。在屋內有一位上了年紀、身材瘦小的中年男子，他從強拆前就經常出現在我家，他叫卜派，是個街友。還有一位常常在睡覺的學生，叫郭冠均，是大二學生。這是我最先認識的三位朋友。

要在短時間內認識幾百個聲援者，實在不容易。某一個下午，我在整理強拆當天的照片時，從照片中一個個驚恐的表情中看到許多日後熟悉的面孔。嬸嬸（王媽）哭著被人攙扶出來時，後方有八六、悅瑄；阿三哥被警察抬出來後在郭元益大樓前氣憤發言時，旁邊是慧瑜和遠房叔公；被警察連拖帶抬的聲援者中發現了台權社的施逸翔、Daisy Lin、卜派、華光王、紹興王、郁齡、阿本、若想、閃靈等等，還有許多我叫不出名字卻很熟悉的人。

從抗爭前期到後期，前來聲援與幫忙的人非常多，實在無法詳細介紹每一位朋友。有些朋友與學生是背著家人來王家幫忙，有的因此與家人多次爭執，承受的壓力不亞於王家人。也有一些聲援者不希望自己被曝光，所以只能默默感謝他們的付出。

都更盟發起人阿三哥

阿三哥是都更盟的推手，當初都更盟是歷經百般波折才成立的。一九八八年立法院通過《都市更新條例》，二〇〇〇年很多地區被劃定為都市更新地區，二〇〇九年八月十八日阿三哥登記都更盟為非營利組織的人民團體，開始時以「台灣都市更新人權協會」申請，被內政部以「名稱涉及專業發起人應有相關學經歷背景」為由駁回，後續以「台灣都市更新受害者協會」申請立案，再次被內政部以「受害者一詞有誤導社會，讓人以為都市更新會使人受害」為由駁回，投訴部長信箱未果，之後不得已改以「台灣都市更新公正促進協會」申請，二〇一〇年五月立案，對外則沿用網站名稱「台灣都市更新受害者聯盟」，直至二〇一三年正式以此更名登記。

對阿三哥的第一印象，是在王家的十四號房子被拆前的客廳裡，不多話的他讓人有距離感。我家被拆後一週內的某一天晚上，我與父親和家人買了礦泉水與物資送回士林老家臨時搭起的帳篷，在那裡遇到其他地區許多同樣因都更而被建商或黑道威脅的受害者們，大家敘述著自己的受害經過。

有一位行動不便的中年男子，他家的迫害故事從他父親那代一直持續到他這一代，為了對抗建商派來的黑道威脅，他每天過著提心吊膽的日子，後來他母親在家門口被人惡意用車子撞死，他因而勸我們要小心自身安全；他為了保護自己只好攜帶菜刀防身，說著突然打開身上的大外衣，裡面果然有一個用報紙包住的物品，我當下嚇壞了，趕緊請他冷靜別衝動，因為現場還有警察在監視我們。那時我深刻體認到，原來表面看似自由民主的台灣，有這麼多不公不義的事正在發生。

眾人談話時，我望向阿三哥，他的眼神一直處於警備狀態，不斷掃描周邊的環境，即使我與他正面說話，他的眼神也不時看向左右兩方，每一秒都在警戒中，表情嚴肅得好像隨時會有人攻擊他一樣。當時天真的我以為現場只有一般關心事件的老百姓，後來才知道拆後幾個月內，現場時常有便衣刑警與建商的人混在人群裡監視我們。那段日子我很少看到阿三哥的笑容，幾乎都是眉頭深鎖、殺氣騰騰。

後來聽 Alan 說，阿三哥以前是一個笑臉迎人、很好親近的宅男，但他家是永春都更案的不同意戶，家人被都更爭議纏身，從他父親那代延續到現在，家人的居家安全開始受黑道威脅恐嚇，例如強行拆除他們賴以維生的水塔或惡意放毒蛇等等行徑，還曾有黑道上門逞凶，讓他們不得不購買防彈衣自保。處在這種提心吊膽的生活情境，人必然會改變，臉上少了笑容，多了警戒的眼神。

阿三哥因此累積了許多相關經驗，包含法律、現場防禦與判斷等等，他被建商提告的傳票多達兩大本厚厚的文件夾。當我們家發生突發性衝突時，他總是站在現場，他的經驗也提醒著我們注意現場與自身的安全，學習如何求救。他為我們王家總是無條件付出與支持，時常在晚上看他坐在組合屋入口的長桌前，靜靜使用電腦工作寫文章，像是在守衛著組合屋內的人。

有一次因為工人不斷挑釁造成衝突，同意戶與建商在他們工地開記者會控訴我們與學生欺負工人，我們隨後也在組合屋內開記者會回應他們的說法。正當大夥在混亂中架設好投影設備時，阿三哥汗流浹背從家裡抬了一個大螢幕電視機出現在組合屋門口；原來他擔心我們缺乏設備，所以自備電視機。阿三哥就是這樣一個默默付出的人，他的舉動總讓人窩心。後來，他覺得組合屋裡聲援者的飲食不太便利，又從家裡搬來了小冰箱與飲水機，陪伴我們度過酷熱的夏天。

知識與行動力兼具的小虹

小虹是士林王家事件中首次被建商提告的聲援學生，只因她陪同王家參加二〇一二年二月份營建署輔導會議時說「建商公聽會通知未確實送達，且有偽造文書之嫌；計劃書內容涉嫌不實」，於是被建商提告「妨害名譽」。我父親也在同一場會議中說了四句話怒罵建商手法「齷齪」、「欺壓詐騙」、「以前（其他建商）用騙的，現在（樂揚）用搶的」、「都市更新是圈地遊戲」，同樣也被建商提告「妨害名譽」。最終兩人均以不起訴結案。

小虹是思考細膩、處事嚴謹的人，並精通多國語言；她在大學畢業後參加了浩然基金會「國際志願者交流計畫」在韓國待過一段時間，開始接觸社運抗爭場所，這一段海外之旅改變她的人生，也改變了她對社運的錯誤觀感。回國後剛好遇到王家都更事件，於是加入阿三哥的都更盟，變成我們的貴人。

令人佩服的是她清楚的思考邏輯，總是可以把混亂的事情理出頭緒，再從源頭組織繁雜的事。因為她的能力過人，經常要處理很棘手的問題，一方面要協助王家以及其他多起都更案的事情，還要閱讀大量國內外相關資訊、了解法條、到處演講、上街頭抗爭、打工賺取生活費和博士班學費等等，如同多頭馬車一起跑，時間一久，身體便常出問題。她總是用意志力撐著感冒的身體繼續動腦寫文章，尤其在組合屋衝突最嚴重的時期，大家守在屋內嚴正以待，她可以在吵雜的空間裡對著電腦寫稿。

因為她的協助，我們與國際上其他人權組織接軌，例如國際民間人權組織、香港工黨等等，都曾來參訪組合屋，而她在現場立即變成我們的翻譯人員，讓我們與外國參訪友人溝通無礙。

謙卑和善的她總是以同理心看待每一個受害者，時常給予我們即時的安慰，多方為我們著想，與「佛心來著」的她相處久了之後，漸漸影響了我看事情的角度，相互學習之下這一年多也讓我成長不少。謝謝小虹！希望她能好好保養身體。

精靈又迷糊的美食家慧瑜

繼小虹之後，慧瑜是第二個被建商告的學生。我家被強拆後，許多民眾開始撻伐政府與建商，她在臉書上發表一篇批評建商的文章，結果被建商以「妨害名譽」提告；建商想以此殺雞儆猴，沒想到這舉動引發更多民眾不滿。當時非常關注士林王家動向的戴立忍導演也在他的臉書轉貼慧瑜的文章，並主動要求建商來告他。二〇一二年四月八日，臉書出現「萬人自首團」，揪人一起聲援慧瑜，上千人一起貼文並要求建商提告，鬧得沸沸揚揚人神共憤，後來建商只好撤告。此事不但沒有讓她退縮，反而繼續選擇與王家人站在一起，事後又為了守護王家再次被建商提告，還好以不起訴結案。

慧瑜是一個能文能武的女同學，她的判斷力與反應能力很強，更是一位美食專家，時常帶著各種美食到組合屋請大家享用。她介紹的店家都是經由她嚴選的，常常像美食評論家一樣為我們介紹好吃的。但精明的她卻是一個小迷糊，或許是她要思考的事情太繁瑣，以致沒有記憶空間處理自己的物品，大家經常在她待過的地方撿到她遺忘的錢包、手機甚至包包。有一次見到她的大腿黑青一大塊，一問之下才知道她外出覓食時，一邊走路一邊想事情，結果完全沒注意到路口的車輛而被機車撞傷，我們聽了真替她捏一把冷汗，還好大家在一起時都會相互提醒與留意，組合屋內鮮少有私人物品遺失。

隨時休眠、即時備戰的郭冠均

郭冠均有另一個名字叫「王冠均」。他與其他學生在我們面臨強拆前的危急狀況下輪流為王家守家，當時每天都有許多人進出家裡，半夜使用廁所的噪音常干擾叔叔嬸嬸的睡眠，都更盟於是在進入餐廳的拉門上貼上告示，請大家到二樓上廁所，讓王家人在一樓保留私人的空間。可是，冠均依然遊走在一樓生活圈裡，從此我們便開玩笑叫他「王冠均」。

強拆前有學生在我家前面搭起帳篷，或在捷運橋下鋪床墊休息，我印象中的冠均總是處於睡眠「待機」狀態，而且位置「豪放不拘」；我曾看到他在橋下水泥地上呼呼大睡，彷彿睡在彈簧床般自在舒適。

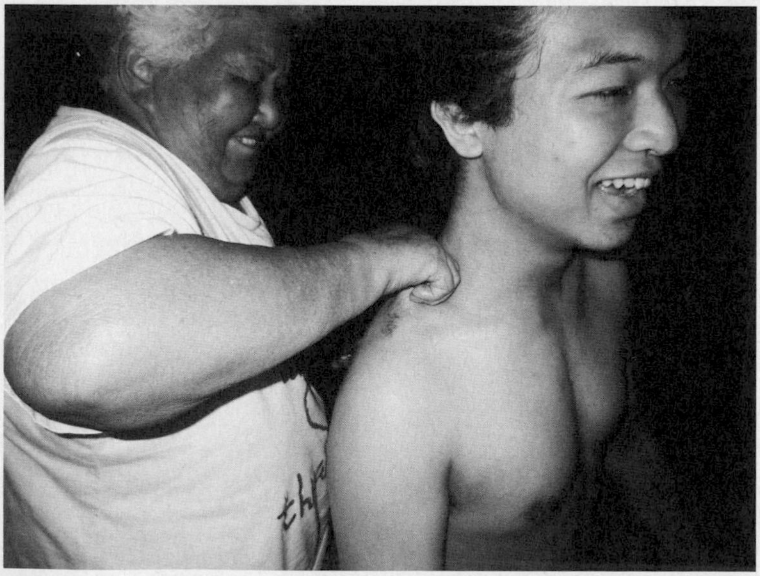

1.

但真正厲害的是，遇到危險的突發狀況時，他會瞬間清醒，馬上做出恰當的判斷和處理。他的睡眠就像電腦的休眠功能一樣，隨時處於備戰狀態，從容不迫地處理完後，又可以立即倒頭就睡。

在組合屋時期，冠均負責管理大家的伙食開銷，省吃儉用的他常常幫大家買華榮菜市場最便宜又大碗的滷肉飯果腹，他通常會把錢放在身上保管，但只要他睡過的床都可以撿到許多從他身上掉出來的零錢。有一次要買午餐，冠均開始在剛睡過的床上撿零錢，我們笑說：大家都把錢放在錢包裡，而床鋪就是冠均的錢包。

冠均平時可以很悠閒地在廢墟上穿著衣服洗澡，他說這樣可以連衣服都順便洗乾淨，也會到嬸婆家原址的客廳裡拉起繩子曬衣服，甚至會把躺椅搬到組合屋後方的小空地上做日光浴，用悠閒輕鬆的步調緩和現場的緊張壓力。在他身上看不到同年紀大學生常見的驕縱，看見的是隨遇而安的生活態度，與具有智慧的危機處理能力。

2.

1. 這些來幫忙的學生就像嬸婆的孫子一樣，冠均在組合屋中暑，嬸婆幫他刮痧。／王瑞霙攝
2. 冠均在嬸婆家原址的客廳裡拉起繩子曬衣服。／王瑞霙繪

熱心街友卜派

卜派（鄭卜榮）是一個很特別的人，他是一個街友，我們家面臨強拆之際，他出現了。

強拆前，當我們辦活動時，他會主動幫忙掛布條、搬椅子，活動結束後也會一起整理環境、收拾物品，而膚淺的我初時對他並沒有好印象，以為他只是來餬口飯吃。強拆當天，我對卜派的印象徹底翻轉。他用鐵鍊把自己綑在樓梯間的欄杆上，跟著大家一起熬夜死守王家，瘦小的身子倚著欄杆，眼神堅毅，讓人感動。我很後悔以小人之心度君子之腹，對街友的刻版想像因為他而改觀。

每個人有各自關心議題的方式，同樣都是本著付出的心與實踐精神，有人出錢出物資、有人動腦筋企劃文宣，卜派則投入現場勞務工作。強拆之後他並未離開，繼續在這裡幫忙，觀察並向我們回報建商的舉動。

我曾好奇問他從何處知道我們家的事，他說他會去公立圖書館上網，從臉書得知這起都更事件。日後他為了找工作而離開我們，但我

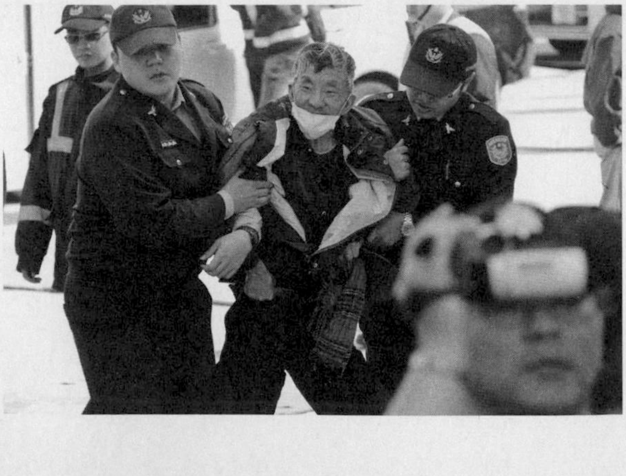

們不會忘記他那顆熱情的心。我們後續透過臉書訊息默默關心這位特別的朋友，並祝福他可以找到合適的工作。

「社運工程師」Alan

Alan 號稱「社運工程師」，他對 3C 相關產品很在行，時常協助我們處理組合屋的監視器設備、手提攝影機設備，或開記者會時的音響設備。

二〇一二年七月之後，溫度升高，我們為了守護組合屋必須窩在鐵製的空間內，因此常有學生中暑，到了傍晚我們開始為中暑的學生刮痧。為了改善屋內溫度，除了添購小型電風扇，我的學生也捐贈了一台窗型小抽風機，但還是不能有效降溫，過了中午屋內就如同一個大蒸籠。於是 Alan 請友人為組合屋屋頂加裝灑水系統，讓我們在那幾個月可以免於中暑之災。第一次試用灑水器時，如同甘泉的自來水灑在炙熱的屋頂，冒出淺淺白煙，沿著屋頂浪板流下的水由溫轉涼，午後陽光照在屋簷下的水珠時，還會出現令人驚艷的小小彩虹。

我很喜歡聽 Alan 大哥開講，像在聽歷史故事般精彩，內容包羅萬象，可從早期情報局的故事到社運史與近代社運的轉變，再談到學生反旺中、反美麗灣事件、大埔張藥局土地

強拆當天卜派被警察架出來。

徵收案、華隆工人抗爭案、關廠工人的辛酸、西藏年輕人自焚等等，讓我大開眼界，而這些事件背後的真實原由是無法從報紙上得知的，只能透過網路訊息或親自去了解才能體會。開拓了視野，我漸漸了解這些來到王家的學生為何到處奔波聲援，因為他們看到的，是社會最真實與殘酷的一面。

熱心的 Alan 時常幫文化大學建築及都市設計學系的王章凱老師修理手提電腦，因為大家都很念舊，總覺得對一起「出生入死」的電腦有一種革命情感，不可以因為故障就拋棄了它。

王老師經常批判台灣的都更政策，只談「拆除重建」，不談「整建維護」。有一次，王老師的老電腦真的無法修理了，Alan 說：「王老師，這台老古董真的不行了，把修理費拿去買另一台二手機比較好，我勸你別修了。」王老師請 Alan 再想想辦法，Alan 說：「這台電腦的狀況已經是『紅單危樓』，一定要『更新』啦。」王老師喊道：「我要修！我是『整建維護』的實踐者啊！」這兩人之間有趣的對話，意外地對照出現場大家想要守護一個家的願望，與修理電腦竟然有著某種共鳴。

「社運開心果」若有

若有是我們的吉祥物、開心果，充滿創作天分的他常常利用現場環境即興表演行動劇，逗著大家笑破肚皮，緩和現場緊張的氣氛。有一回大家在組合屋裡各忙各的，他突然哼了一首自創的歌曲，一直重覆唱著，大家愣了一下，然後開懷大笑，而且這首歌就像魔音傳腦，反覆縈繞在腦海裡：

不要在我尿尿的時候闖進來！不要在我上廁所時拆掉我的家！
因為你沒有權利看我的屁股！
不要在我唱歌的時候闖進來！不要在我快樂時拆掉我的家！
因為會害我打嗝、會害我不敢再感受快樂！
不要在我睡覺的時候闖進來！不要在我做夢時拆掉我的家！
因為會害我一輩子做惡夢，我會一輩子都夢到你！
不要在任何時候闖進來，不要在任何時候拆掉我的家！
因為～因為～算了我什麼都不知道！

後來我們參加台北市立美術館二〇一二年台北雙年展，其中一個箱體展出「都更強制拆遷」，若有在現場清唱延續版的自編歌曲《它來了》：

每天都有人按電鈴，拿著同意書叫我快快簽名，他說簽了之後好處多多，可以住在豪華漂亮的新大樓，所以我只好去參加公聽會，平常和藹的鄰居全換了一張臉，建設公司看我長得矮小，就說要表決把我的房子拆掉，所以我又待在家繼續等他強制執行，他說反正會

給我補償金，這就是我們的都市更新，所以我又待在家繼續等他強制執行，都市更新～都市更新～

貪心的人都粘在一塊，嘴裡說權利變換，卻拿私約在分財產，你為什麼對我那麼殘忍，我沒有對不起你或任何人，看著新聞上的自己說，我哪裡有如此醜陋，他們喜歡說我釘子戶，怎麼努力解釋也說不清楚，反正這世界對我不好，我命中注定家要被人拆掉，所以我又待在家繼續等他強制執行，他說反正會給我補償金，這就是我們的都市更新，所以我又待在家繼續等他強制執行，都市更新～喔～都市更新～

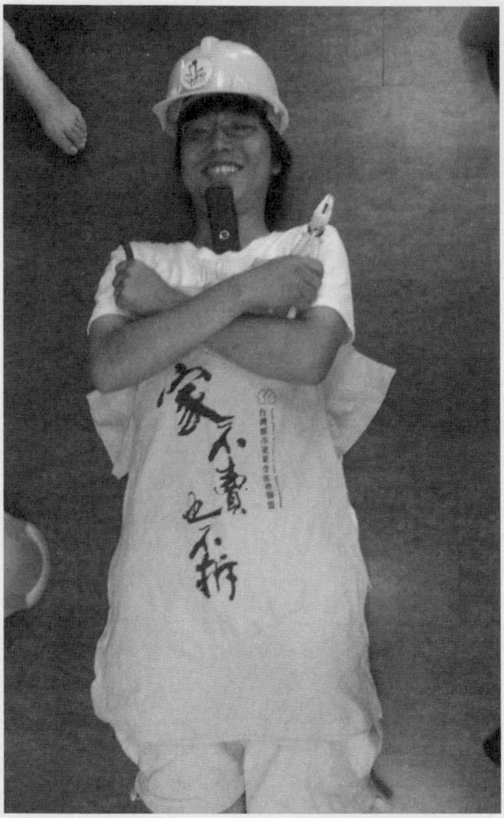

1.

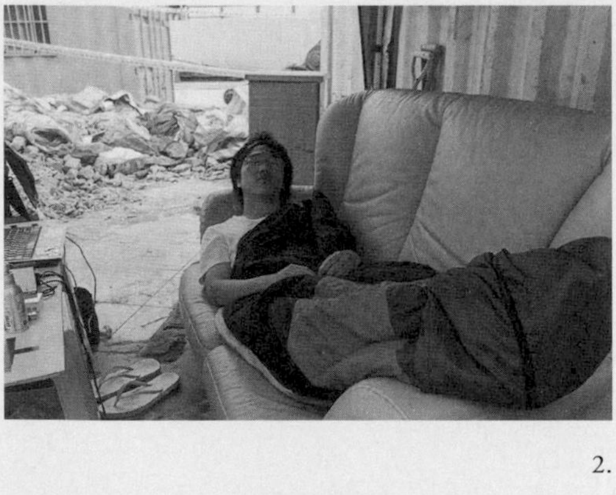
2.

除了搞怪，其實他心思細膩，文筆很好，從他臉書的文章便可窺探出他對王家與工人對抗的擔憂與不安，更因為王家的事件讓他與家人出現一些爭執。在這守衛期間，他開始記錄現場衝突的事件與心得，透過他所拍攝的組合屋現場照片，所呈現的衝突對比平和的強烈張力。或許外人覺得這是很危險的生活，但這就是我們那半年來的生活寫照。

來組合屋幫忙的聲援者很多，物品雜亂，而若有每次進來組合屋，就會靜靜地幫我們整理雜亂的置物櫃，把物品分門別類整齊擺好，並把常用的物品放在明顯的位置，方便我們使用。這些都是學生自發性的幫忙，大家只要看他在整理，就會跟著一起收拾屋內的垃圾與物品，希望隨時保持環境的乾淨與舒適。在那些最痛苦的日子裡，還好有這些學生與朋友的幫忙，不論在精神上或實務上，都帶給我們莫大的支撐力量。

「哲韡，吃飽了！」

哲韡和若有是大學同學，都是物理系的學生，但兩人個性截然不同，也從不同管道得知王家即將被強拆的消息，來了現場幾次才相遇。喜好攝影的哲韡開始記錄強拆前後的聲援者與王家人的點點滴滴。哲韡的話不多，拆後我才注意到他，在現場總是冷靜地提著攝影器材，平靜地為現場留下影像。

1. 搞笑的若有，頭戴著「台北好好拆」工地帽，雙手交叉在胸前握著工具，呈現法老王的姿態，隱喻都更惡法的權威，成為強拆民房、捍衛財團的守護者。／王瑞霙攝
2. 若有與其他人清晨成功占領孀婆家的土地後，在沙發上補眠。／許哲韡攝影

後來現場不時有衝突，工人與工頭開始針對他，試圖破壞他的攝影器材，一位彭姓工頭甚至在工地上向他潑淋污水，也曾有工頭以安全帽毆打哲韡的身體，還當著其他學生面前恐嚇哲韡要用「社會事」處理他，隔幾天又指派幾個工人準備鐵棍刻意坐在組合屋門口堵哲韡。哲韡從一個紀錄者變成現場的受害者，或許對方覺得拿著攝影設備的哲韡比其他聲援者更具有威脅力，所以才會不斷用言語和行動來制止他，也在網路放話醜化他。

但工人的這些舉動並沒嚇走他，他反而更冷靜蒐證。對方工頭惡人先告狀，向哲韡提告傷害與公然侮辱，淡定的他也向對方反提告傷害，他整理出來的畫面說明了真相；最後工人對他的提告以不起訴結案，他告工人傷害罪則被判罪成。

與他相處久了，才知道他是一個可愛又有愛心的大學生，除了在組合屋裡整理他的攝影器材、剪輯影片、看書，還利用空檔時間在社區輔導機構（勵友中心）教導混齡的學生攝影，並帶這些學生來到組合屋取景創作。看著他認真指導小朋友，細心介紹組合屋的故事，臉部表情增添了些許溫暖，有別於平時酷酷的他。

1.

2.

哲韓有一個可愛的臉書粉絲團，叫作「哲韓，吃飽了！」。在組合屋守衛的聲援者，飲食費用都是都更盟出資的，有一次他寫了一個請款單，內容相當有趣，科目為「餐費」，事由一欄則寫著「肚子餓↓秋鬥文宣卡關急需療癒」。而且大家發現他無論什麼時候都在吃東西，可見來組合屋守衛是需要耗費相當大的體力與腦力！後來有一位學生幫哲韓設立粉絲頁。有一陣子大家看到哲韓都會問他一句：「你吃飽了沒？」這開玩笑的對話，有一次被嬸婆聽到，誤以為哲韓常常餓肚子，開始擔心組合屋的學生們沒吃飽，於是時常帶吃的東西給大家，就怕虧待了這些前來聲援的朋友。這群可愛的學生，在這裡用歡笑消弭緊張的氣氛，用調侃嬉笑的話語療癒我們受傷的心。

手長腳長的熱心八六

手長腳長的洪崇晏，因為身高一八六公分而被叫「八六」，平時在組合屋不是看書就是「把身體折起來使用電腦」。書生氣息的他，面對凶惡的工人或怪手時，總是衝到前線，理性對工人喊話，或以身體阻擋工人侵犯王家人。當王媽或嬸婆在炎熱夏日站在自家地上阻止工人搶奪沙包時，貼心的八六會幫王家人撐傘，或拿椅子、遞礦泉水給站在大太陽底下的聲援者。七、八月的夏天，組合屋內有如大烤爐，朋友們不是靠著電風扇消暑，就是

1. 哲韓在組合屋廚房，左手拿著鐵鍋蓋防禦，右手拿「萬惡攝影機」攻擊惡魔。／許哲韓提供
2. 我們在組合屋前開記者會時，哲韓在一旁用餐，左下是徐世榮老師。／蕭文傑提供

猛灌水、擦綠油精和萬金油解熱，或是趴在地板上散熱，有一天八六從包包裡拿出一個塑膠小瓶，裡面裝著稀釋的酒精，往自己臉上噴，大家突然如同在沙漠裡看到綠洲一樣，用渴望的眼神看著他，於是他開始像在澆花一樣為大家噴水降溫，往後只要時間一到，大家都很有默契地拿起「澆花瓶」互相為屋內的人「澆水」，有時還一起擦防曬乳、敷面膜，享受集體生活的樂趣。

久而久之，大家都知道每個人的喜好，例如八六喜歡吃甜食，吃芭樂也要加糖才覺得美味，所以我們屋內的小冰箱常備有糖水或砂糖，還有各式各樣的調味料供大家使用。

八六除了聲援我們，還時常以行動參與其他議題，每次的抗議活動後，他都會把當時現場發的小布條綁在包包上，這包包已掛滿各式各樣的彩色布條，傳達著國內許多未解的爭議，有待大家去重視與面對。有一次他參加關廠工人的抗議活動，我們從網路看到他被警察粗魯拖到警備車的照片，事後他回到組合屋，大家關心他是否有受傷，他卻一派輕鬆說沒事，還說他利用腳長手長的優勢擋住車門，讓警察花了很大工夫才把他擠進車內。雖然如此，他身上還是有不少推擠所致的瘀傷，之後我開始習慣從新聞畫面或臉書訊息關心這群朋友。

二〇一三年大埔強拆後，八六在一次抗議中手拿抗議布條，遭幾位警察推擠倒地，頭部撞到路緣石墩而血流不止，看得我們心好疼。這群學生與老師採取理性的方式抗爭，絕不

1. 八六與哲韓在華光，身上有許多抗議小布條。／施逸翔攝
2. 熱到趴在組合屋地板上散熱的八六。／王瑞雯攝

會動手傷害任何人，但他們往往得面對粗暴的警力，鏡頭前警察叮嚀學生小心安全不要受傷，鏡頭後卻趁機狠踹學生幾腳，而被踹的學生早已習慣這種暴力對待。

一手作菜一手題字的靠悲

靠悲才二十出頭，卻個性穩重，從廢除死列、都市更新到美麗灣爭議等，都是他關心的社會議題，年輕的心靈卻裝滿超齡的思維。

靠悲很會下廚，有時中午不知要吃什麼，他就會默默把鍋子、卡式爐拿出來變出幾道菜，填飽大家的肚子；他煮的滷肉很下飯，咖哩飯很美味，也會縫縫補補，把長褲修成短褲穿，創意十足，我們都開玩笑說他「可以嫁人」了。

靠悲還寫了一手好字，有一次他去阿三哥的永春辦公室支援製作「都更怪獸」道具，我提供他一些毛筆與墨汁，活動結束後他便把毛筆帶回組合屋，在守屋期間一有空便

1.

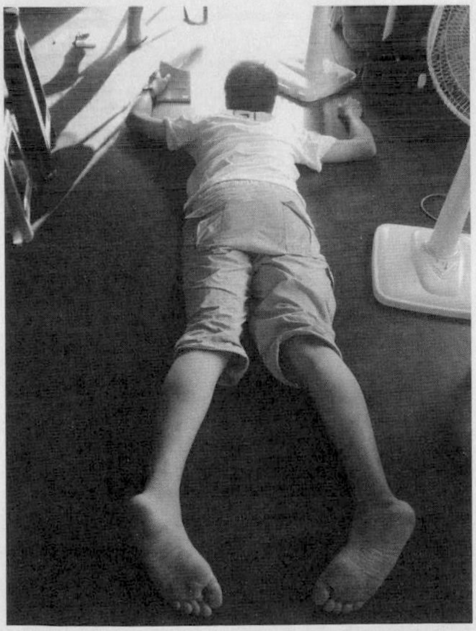

2.

開始用舊報紙練字，人如其字，寫出一股對理想與信念的堅定。寫著寫著他開始突發奇想地在我們家的瓦礫堆中尋找較為平整的磚牆、地磚、水泥塊上寫字；之後他越挑越大，在屋後我們把大塊舊牆堆成一道與工地之間的圍牆，他在較平整的水泥混磚牆上寫上一句話：「堅強起來，才不致於失去溫柔。」這是切格瓦拉的名言，提醒著我們在面對任何困境時只有比敵人更堅強，才不會失去心中那分關懷所有受壓迫者的溫柔！簡單的十二字帶給了我們無比的支持力量，總在崩潰的邊緣拉我一把，只要打開組合屋後門，面對屋後的怪手，再看看這牆上的題字，讓我們更能克服恐懼，以和平理性的態度面對建商的迫害。

靠悲長期幫我們守住組合屋，他的存在讓建商很頭痛。在一次衝突中工人瘋狂地用鐵皮試圖要把十八號地封起來，靠悲阻止他們施工，對方卻用人

1.

2.

牆阻擋他，他看著眼前的女學生被工人粗暴拖走而受傷，危急之下奮力徒手敲打著剛被封起的鐵皮，從此建商便盯上他，他因此身上背了兩、三個訴訟案。

「一陽指女」Ivy

Ivy 從臉書得知王家的事，在強拆前開始關注此事，強拆前一天晚上與妹妹來到現場，但當時一直無法掌握警方何時會動手，所以他們先回去休息，沒想到一大清早得知警力已在凌晨動員，她們抵達現場看到層層警力與封鎖線的大陣仗排場，已無法靠近王家了，只能在橋下等待。她看著我們王家人抱著過世家人的牌位被強制驅離家園，用手機拍下了堂弟與我的發言，這段珍貴的畫面，記錄著王家人當時第一時間的震撼和感觸。熱心的 Ivy 兩姊妹在強拆後還是時時刻刻關注事件的後續發展，當現場發生嚴重衝突事件時，都更盟在臉書發布緊急動員訊息，兩姊妹總是二話不說放下手邊的工作衝到現場支援。

我對她們的深刻印象，是在二〇一二年六月二十二日建商貨櫃占地事件中，Ivy 到了現

3.

1. 因為聲援王家，靠悲身上背負著兩、三個訴訟案。／許哲韡提供
2. 與建商搶地的戰役期間，靠悲在怪手機械手臂下擺了張長桌，淡定練字，這是極為衝突的畫面，但力道強勁；早上八點多來這裡上班的工人看到這一幕也嚇了一跳，只能退到橋下觀望，想著因應的對策。／王瑞霙攝
3. 靠悲的友人來組合屋拜訪，他簡單導覽現場之後，挑起一小塊水泥，當場題字「家不拆也不賣！三二八強拆記誌」，請二姑姑親自送給兩位友人。／王瑞霙攝

場趕緊用手機錄下現場的衝突，以及建商工人的暴力行為，並傳輸到網路上。

當時看到兩位長髮飄逸、舉止優雅的女生，不停地用手機拍照，我站在其中一位女生旁邊，問她是不是三月三十日與我們一起在立法院控訴警察暴力的女生，她笑著說那是她妹妹。我赫然發現他們兩姊妹是雙胞胎，兩人實在太相像了，長相與聲音幾乎無法分辨，而且個性都很隨和溫柔。後來因為工作關係，只有 Ivy 能繼續來支援我們，她後來還加入了都更盟，協助我們處理許多大小事務。

溫和的 Ivy 總是非常勇敢地面對挑釁的工人，一發現工人在搬我們的沙包時，她與其他男同學都會在第一時間衝出去阻止；我們的聲援者和學生都有超凡的勇氣，不畏懼建商工人的勢力。有一次，Ivy 的手放在沙包上，拿著沙包的工人卻沒站穩而跌倒在地上，其他工人因此指控 Ivy 把工人扳倒，不停斥罵她。大家都莫名其妙，這個溫柔的女子怎麼可能扳倒強壯的工人？後來我們發現每次建商派工人偷

1.

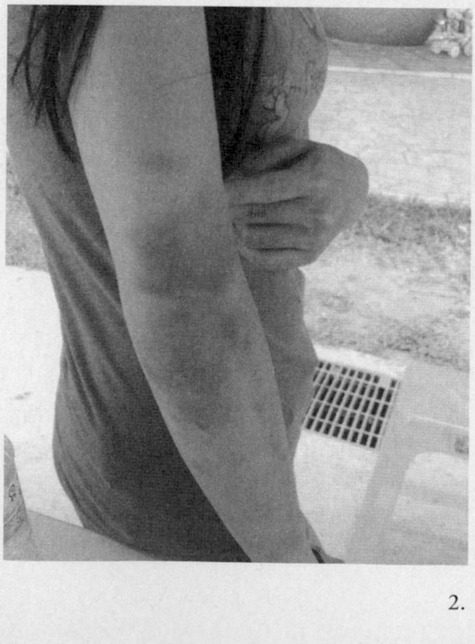
2.

搬沙包時，都會錄影，就像事先設計好的，原來建商的目的是要以挑釁的行為刺激我們做出不理性的回應，趁機拍下並放在網路上抹黑我們，而 Ivy 從此被我們封為「一陽指女」。

守衛王家期間，Ivy 等人站在王家地上阻止工人搬沙包，結果被建商告強制罪，同年九月四日，她、慧瑜還有阿三哥用身體阻擋工人用鐵板強行封起嬸婆家的地，一位工人趁機對她襲胸，另一個男性同意戶則把慧瑜強扯在地上，事後 Ivy 住所地區的警察主動登門拜訪表示關切，其實警方是為了給 Ivy 的父母施壓，還好她的父親很支持她，反問那位前來關切的員警：「你是否知道文林苑的事件起因？為何強拆後還受到輿論的撻伐？」員警一問三不知，Ivy 的父親請員警回去了解後再來「關心」她的女兒。這位父親用智慧化解了此事，也成為 Ivy 背後的精神力量，這可說是「有其父必有其女」吧！

神手法蘭克

法蘭克是身懷十八般武藝於一身的人，他常趁工作空檔來組合屋看望我們，觀察我們生活中欠缺的用品，然後隔天帶著鞋櫃、急救箱、收納盒和衛浴用品給我們，還帶來了攜帶型冰箱讓我們在盛暑裡有冰涼的礦泉水。法蘭克有豐富的野外求生技巧，懂得用簡易的在地物品快速搭建遮風避雨的帳篷。我們的臨時棚架長期與怪手對峙，內部骨架已半毀，法

1.2. 二〇一二年九月五日，Ivy 被工人毆打與扯頭髮而受傷後，回到組合屋休息，手上的瘀傷隔天更加明顯。／王瑞霙攝

蘭克教我們用廢棄的竹竿與水管取代骨架，再以膠帶綑綁在已折斷的骨架上，如同外科醫師在幫斷腿的病人接骨，一根根把骨架接起來，讓棚架繼續捍衛土地；但硬撐的棚架最終還是敵不過怪手的摧殘，神奇的法蘭克此時又出現了，帶領大家用現有的大帆布與廢棄水管、竹竿還有繩索，再次在嬸婆家的地上把棚子立了起來。還好有他的搭棚技術，不知拯救多少次嬸婆的土地，這棚子的意義非凡，象徵土地主權，如同在戰場上的國旗一樣。

有一次我們發現法蘭克在我們堆的沙包牆上跳上跳下，他說要練習一下跳躍的技巧，需要時就可派上用場；他以前是傘兵，可以安全地從一層樓高度跳下來，他說他知道跳躍時保護身體與腳的訣竅，但太久沒練習了會生疏。他認為在這裡應該要隨時準備被工人或怪手襲擊的可能性，所以需要不斷練習與適應當下地形，才不會受傷，他的認真態度令人佩服。

頑皮大男孩高兆文

1.

2.

1. 法蘭克提供電風扇給我們使用，其中一台經由他的改裝，把直立扇變成吊扇，解決屋內最熱的角落。／王瑞霙攝
2. 法蘭克帶來廢棄水管、竹竿與沙包，把棚子立起來。／王瑞霙攝

高兆文有幼幼台大哥哥那種大男生的頑皮個性。他看著王家嬸婆與王媽每天處於高壓之下，所以總在工人下班後就想辦法逗逗王媽，常常王媽長王媽短的，還要王媽聊聊她與王爸的戀愛故事，讓王媽暫時抽離抗爭現場的緊張氛圍。王媽開始期待高兆文的出現，他就像是王媽的開心果。有一天，高兆文看到王媽又為當天工人的挑釁舉動感到憤怒，突發奇想模仿起某個藝人：「王媽來！阿姑給你親一下！」一股腦作勢要撲向王媽，王媽趕緊用身邊的塑膠椅阻擋他靠近，畫面非常逗趣，現場朋友與王媽都笑開了。

有一陣子，我們覺得要改善組合屋的生活環境，讓來幫忙守家的朋友可以住得舒服，也希望在這裡營造一個家的感覺。有學生拿聖誕燈來布置屋外，高兆文則從他住家社區撿到一張廢棄的古典單人沙發與大型花器，都運到組合屋來；許多人都搶著要坐這張椅子，後來椅子與王章凱老師送的書架搭在一起，成為屋內最有書香氣息的一角，默默地吸引許多朋友坐在沙發上閱讀。

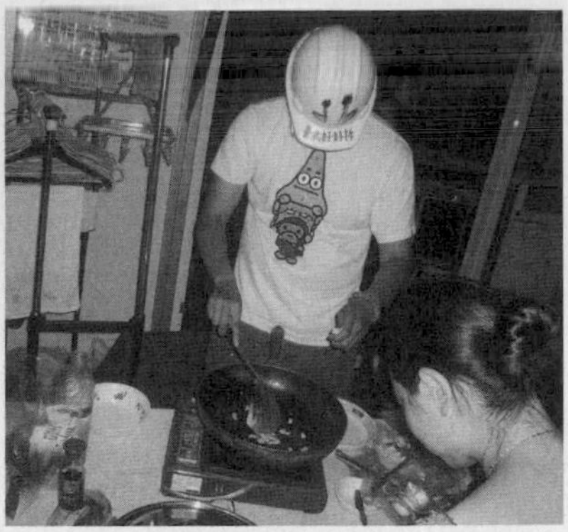

3.

4.

3. 晚上高兆文與我們一同在組合屋前煮飯，堅持不露臉的他帶著工地帽炒菜。／老 K 攝
4. 舒服的沙發與書櫃，圍成一個閱讀的角落。／王瑞霙攝

第二節：我們共同的家

合力拼出一個家

強拆後的帳篷時期，生活非常簡陋，幸好晚上有林淑芬立委借出發電機，讓我們夜晚可以在此用餐、開會。有了組合屋之後，剛開始也是靠發電機生活；王爸為了讓組合屋生活比較舒適，請王媽到自來水公司與電力公司申請水電，卻被拒絕，理由是「王家土地已是樂揚的工地，所以要問樂揚才可以申請」。我們實在很氣憤，我們沒簽下同意書，而且地政事務機關查到的資料證明這土地還是王家所有，那為何不讓我們申請水電呢？後來有一位好心的鄰居吳阿姨看到我們的困境，願意借我們水電，感謝她的幫忙，讓組合屋終於有了生活的基本條件。事後我們才知道，這位正義鄰居因此遭受「特別人士」的口頭警告！

自組合屋完成後的那個週日，父親、王爸、王媽等王家人都回來一起打掃屋內屋外的環境，還請師傅為組合屋安裝前後雨遮，加強屋頂拉繩。屋外地面崎嶇不平，還有許多瓦礫、磚頭與泥塊，父親與卜派在後門整理通往廁所的地面，疏通原有的落水口，把較完整的磚頭重新整齊排列在地上，這看似簡單，卻很耗費體力。

後來到場的林永勝大哥覺得組合屋後方與建商的工地之間沒有具體的界線，好像隨時會被侵犯，感覺很不安全，與我們討論後，主動幫我們用原有房子殘留下來的鋼筋當材料，在屋子後方以半毀的外牆上燒焊成一根根堅固的屏障，經由大家一起整理之後，組合屋開始有個家的感覺。

組合屋原先設定是以開會和睡眠為主要功能，當時不知屋子會不會再被拆除，有太多未知風險，所以不敢添增太多家具，再加上沒水沒電的環境實在很難讓人在此長期居住，所以屋內並未設置廚房空間，一切簡化。初期只能用發電機解決電力問題，每到晚上大家要開會時就會聞到發電機的柴油味，久了也就習慣了；後來鄰居借水電給我們，也必須小心使用，無法安裝高耗電量的冷氣。

向鄰居借水之後，我們把水管一分為二，一管固定在組合屋右前方斷掉的柱子上，供我們洗碗用，另一管則給組合屋後方的廁所使用。住在組合屋的學生終於可以不用再蓄雨水來洗澡，也可以開心在屋內煮食了。

在一片瓦礫中蓋起來的臨時組合屋，左邊的卜派正在協助整理環境。／王瑞霙我們的主要水源用軟管輸送，一到炎熱的夏天，軟管好幾次因高溫曝曬而破裂，最後管子被我們反覆修修補補，還得在每天中午過後去巡視水管有沒有再次爆裂。守在組合屋的王家人與聲援者，有時變成水電工，有時又要變身鬥士阻擋建地工人入侵，實在很困擾。

準備長期抗戰

在空間只有十坪的組合屋裡，常常擠滿了人，為了有效安排人力，我們做了一個排班表，在排班表旁附上緊急聯絡資訊，有警察局、環保局、都更盟成員、王家成員與其他聲援者的電話。通常一早我們到組合屋吃完早餐後，就開始整理屋內屋外，掃地、拖地、倒垃圾、洗碗、澆花等等，有時也幫忙跑腿買早餐，順便看看對方是否有異常的舉動。

嬸婆習慣先去附近的華榮市場逛逛，買一些中午可以煮的菜，再慢慢走回組合屋，這裡有很多她念念不忘的老鄰居，有時候他們會聊聊天；這才是她本該有的生活，而不是日夜為了祖厝的地被搶而操心。幾乎每天到場的王家人是嬸婆、王媽和我，假日則換王爸來接班，家駿叔叔一有空就會騎著摩托車來現場看看，初期姑姑們（嬸婆的女兒）也常來組合屋守家，姑姑很擔心嬸婆在現場的安危，為了保護嬸婆，有一位姑姑向公司請假一個多月，每天往返桃園士林，非常辛苦。

有一次姑姑跟我說嬸婆的包包裡藏了一把大剪刀，表示她有在老家輕生的念頭，這讓大家很不安，隨時注意嬸婆的精神狀況；為了安撫老人家的情緒，我們陪同長輩在她家的土地上燒紙錢祭土地公與祖先，希望她藉由祭祀，紓解心中的負面情緒。／王瑞霙攝剛開始來守家的姑姑們每天都很緊張，看到風吹草動就會過度擔心，我能理解這心情，因為我當時也一樣，只要一走進前街便不自覺地到處掃視，如同在前線戰區，時時檢查有沒有可疑的人出現。這裡確實常有可疑人物，如便衣刑警，還有一個穿著白襯衫、黑色西裝褲的先生每天固定會出現，我們懷疑他是高階警察。我們一直處於被警方與建商監控的環境下，連手機也疑似被監聽，早就麻痺了，而且久了也可以分辨出哪些是敵人，哪些只是好奇的民眾。

為了消除姑姑們的焦慮，我與學生一有空就找她們聊聊以前在這裡的生活；面對工人的挑釁，人人都會動怒，我們更需要試著用理性的態度告訴二姑姑，並分析對方挑釁行為的主要用意，千萬不要中了他們的陷阱，我父親就是最好的前車之鑑，學生們與聲援者也不時在旁提醒著我們不要被激怒。我們知道姑姑們都很努力壓抑著憤怒情緒，但那真的不容易，尤其是在這種高壓環境之中。

組合屋聚集溫暖力量

待在組合屋裡你會發現走在外面的人總會對組合屋的裡裡外外東

張西望，我們好像變成動物園裡被觀賞的動物，沒有隱私，而且常會有人走進門口詢問我們一些事情，大多數都是友善的陌生人。後來我們在組合屋前架起了一個臨時諮詢空間，搭起棚子擺上長桌與椅子，把相關文宣放在桌上供人取閱。來這裡詢問的人非常多，有同樣遇到都更問題的民眾來尋求幫助，有來這裡聊天為我們打氣的好心人，有跟我們說教的老爺爺，有到此一遊的觀光客，也有去爬山的長輩經過這裡熱情向我們喊著「王家！加油！」，最有趣的是一位歐洲籍的退休老師，時常騎著腳踏車在家門口觀察許久，向學生詢問，八六、哲韓、靠悲等人都曾跟他聊天。

有一天午後，只有我在外面的棚子裡，歐籍老師又來了，我只好硬著頭皮用破英文跟他交談，他說：台灣不是民主國家嗎？為什麼可以隨便亂拆民宅？這跟中國有何不同？我跟他說政府是以都更條例來拆我家，他又說：「憲法不是在所有法律之上嗎？你們台灣憲法不是有保護人民的居住權力嗎？」他舉例美國某些州的法律歧視黑人，法院以憲法為依據，所有抵觸憲法的法律都是不對的；但看了我們的案例，他反問我：「難道你們的都更條例比憲法還大嗎？」

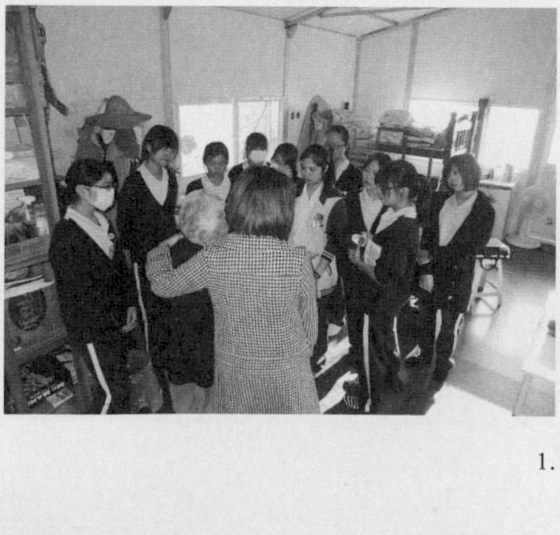
1.

2.

我無言了，因為他提的正是我們想請教郝龍斌市長的問題。我們以中文、台語、英文混搭著肢體語言溝通，嬸婆在屋內看著我在比手畫腳，覺得有趣，笑著說：「你會跟阿豆仔講英語喔！好厲害！」我苦笑回答：「他台語也可以通喔！」這次對話，讓我了解外國的朋友如何看待這起強拆事件，我更感謝他對這場抗爭的關注。

有一位總是騎著摩托車，不喜歡脫下安全帽的陳先生，是個熱心的聲援者，花了很多時間在網路上收集相關都更議題的新聞報導或文章，並把網址用手抄寫在Ａ４紙上，持續半年來大約每兩、三天下午就會來組合屋，遞給我們他收集的資料，並詳細跟我說明哪些是重點，我們非常感激他。這位先生有一次來的時候剛好遇到工人發動怪手，刻意向著我們狂噴廢氣，他忍不住衝到怪手旁，拍打著車門要工人熄火，激動的他差點跟工人發生肢體衝突，我和哲韡以及其他在場的朋友趕快把他拉開，請他不要太激動，他最後帶著忿忿不平的心情騎車離開。

聲援者常送我們東西，我們收過蛋糕、餅乾、芭樂、飲料、泡麵等食物，還有一位先生送我們無線對講機，方便我們派人查看工地前方並隨時回報屋內。嬸婆、王媽與姑姑們也常常帶食物請大家吃，每到用餐時間，這裡頓時變成動物園的「餵食區」。一位鐵板燒店的老闆，經常默默給我們送來可口的蛋糕。

我們收到最特別的物品，是兩尊關公神像。二〇一二年七月三十日，我們前面的有應公

1. 有熱心的護專老師帶著一群學生來關心我們，並幫嬸婆量血糖、血壓，照顧她的健康。／王瑞霙攝
2. 兩名來自新竹的學生環島來到組合屋聲援留影。／王瑞霙攝

大拜拜，前街捷運橋下搭起布袋戲台，還有殺豬公等傳統活動，非常熱鬧，為了專心寫文章，我躲到十八號地的沙發區趕稿，這裡除了沙發還有一個棚子、一個茶几、一台小型電風扇。工作完成之後回到組合屋，我看到堂弟在門前看著幾個盒子，他說有一位聲援者送我們一些物品，其中有兩尊關公像。這位熱心的朋友希望象徵正義的關公可以帶給我們好運，但我們不知該如何處理，組合屋也無法挪出空間供奉神明，後來經朋友指示，我們先用圓形紅紙貼在神像底部，再以紅紙把神像包起來，收好後等待有緣人來請回家。

覓食路徑

在組合屋生活的朋友以外食為主，早餐吃附近的早餐店或永和豆漿，不然就在附近的華榮市場買中餐。炎熱夏季大家都吃不下便當，所以常跑去市場買涼麵或水煎包，除此之外還會買一杯冰涼的飲料來消暑。與我們對峙的現場工人也一樣，所以我們經常與工人在覓食的路上相遇。在抗爭初期，我們與工人的關係還不至於水火不容時，有學生還開玩笑說可以和工人們一起訂飲料，量多可以有優惠。堂弟發現工人常買結冰水解渴，問他們在哪裡買比較便宜；可惜我們與工人之間的友善關係被建商發現後，建商開始下令工人挑釁我們，每天三次來剷除我們的沙包，還用兩台怪手對著組合屋排放廢氣，工人與聲援者之間

士林王家周邊的覓食地圖。／王瑞霙繪製

的友善關係不復存在。

坤達成了現場工人中的老鳥，開始指揮新來的工人搶沙包。他的狠勁不只對付他底下的工人，對我們的挑釁行徑也跟流氓沒什麼兩樣。靠悲在靠窗的沙發上睡覺時，坤達曾故意走到窗邊對著靠悲大罵三字經。某個星期六，王爸王媽在屋內時，坤達與他女友走過來組合屋門口，把手上的彈珠用力丟進屋內，如此幼稚的行為，讓人覺得建商派來的工人根本就是流氓！後來他與王媽在附近的便利商店前面相遇，甚至當街對王媽破口大罵，這一條與坤達重疊的覓食路徑變得很不安全，我們為了保護自己免於隨時遭受攻擊，只好把防狼噴霧或錄音筆放在口袋裡保命。

每天來組合屋的嬸婆，看學生常在這裡中暑，中午過後她總會為我們準備冰涼的台式甜食，有仙草、愛玉、綠豆湯等，結束與工人對抗後，來一碗冰涼的愛玉冰，果然有立即消火的功效。到了晚上不知要吃什麼的時候，我們會詢問大家的意見，開始去採買食材煮大鍋飯。組合屋門前擺起的長桌，早上是諮詢台，到了晚上搖身一變成了開放式廚房，留在屋內的人將卡式爐、菜刀、砧板等擺放在

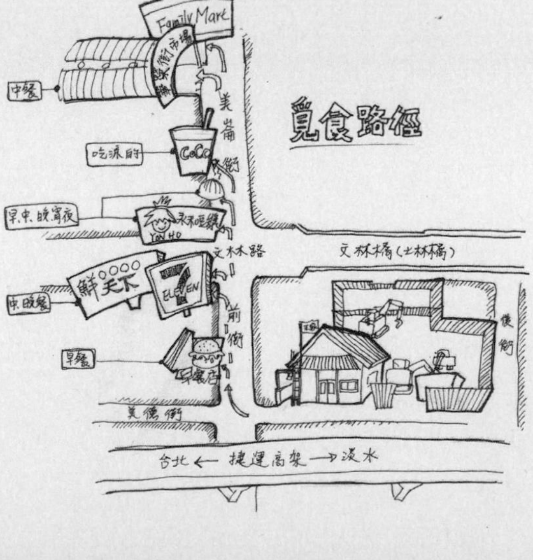

桌面上，等採買的人回來，大家分工合作準備食材，通常有一、兩個學生自願下廚大秀廚藝，大家會在旁七嘴八舌出主意，有的人不敢吃辣，有的人不喜歡太油，可愛的廚師們在嚴苛的條件下盡量滿足我們的胃，煮出熱騰騰的美味家常菜，一下就被大夥吃得精光。嬸婆還會買新鮮筍子與排骨煮成美味的竹筍排骨湯。這裡的生活如同回到過去農村時代，大家庭中許多兄弟姊妹一起用餐搶食，用餐後大家在三合院前的「埕」一起乘涼，和樂溫馨。我們用餐後也會拿起矮凳在門邊乘涼聊天，看著來往的路人下班後回家的疲憊身影，附近鄰居晚餐後帶著狗出來散步，有時還會有老奶奶帶著小孫子到我們組合屋前方的黃綠大圓球玩耍，這些場景讓我們暫時忘記每天與工人對峙的壓力與疲累。坐在組合屋前看著來來往往的人，我不禁在想：這不就是嬸婆難以割捨的生活嗎？

這裡也是行動辦公室

每個自願排班的學生與聲援者在守衛組合屋時，大多帶著智慧型手機或手提電腦，有時用來打發時間，有時是工作需要。屋內空間與電源都有限，大家自然產生默契，主動把插座讓給需要的人使用。需要工作的人找個空位把電腦架好，在屋內大多是席地而坐，床上、沙發上、走道上都是我們的「行動辦公室」，若屋內沒空間，則走向屋外在廚房吧台或屋

組合屋內的工作場景。／王瑞霙攝

前的長桌工作，況且大家都可以把隨手可得的物品當桌子使用。在抗爭期間，因為空間有限，我練就了用身體當滑鼠墊來使用的功夫，雖然屋內條件有些克難，但是大家窩在一起的時光十分和樂。組合屋像是臨時辦公室，大家在一起開會、構思新聞稿，或是獨自做自己的事。

再緊張的時刻也要照顧睡眠

夏天的鐵皮屋經過一整天吸熱，加上內部使用電器所散發的熱氣，增加了室內溫度。大家在屋內工作、吃飯；睡覺的範圍則是兩個單人彈簧床墊、木製上下鋪床、沙發，這些家具都是聲援者和親戚送的。最熱門的休息角落首選是單人沙發區，這是L形的角落空間，左邊有書櫃遮蔽，有安定的感覺。最沒有安全感的是床墊區，因為沒有任何遮蔽物，大家在這床墊睡覺都會想辦法找到較安穩的睡勢。八六幾乎都是趴睡，因為他的腿太長了會超過床的尺寸，所以需要把腿折起來。我們最佩服的是Ivy，她有耐高溫的本領，在酷熱的屋內也可以用被子把自己從頭到腳包得密不透風。

工人經常故意走到我們的門口查看屋內人數，有時我們會在床上用被子和枕頭裝成有人睡覺的形狀，還要故意跟床上的假人說話，讓工人誤判人數，這樣可以減少工人突襲搶沙

組合屋內的各種睡姿。／王瑞霙攝

包的次數。大多數男生睡覺只用報紙蓋著臉，我們都有輪流休息的默契，隨時處在警備狀態，這樣才能處理突發問題。白天站在太陽底下與工人對峙，幾天下來大家都曬黑了，到了晚上吃完晚餐後，有時大家會集體敷臉、擦保養品，貼心的法蘭克還送了我們許多美白面膜。

每到晚上六點，對方會派另一組穿著淺藍色制服的保全人員，名義是照顧他們那三台欺負我們的怪手，實際上是來監視我們的一舉一動。這些夜間保全有幾位是打工的大學生，二〇一二年六月二十八日上級指示他們晚上偷偷把我們架在嬸婆土地上的棚子拆掉，路過的法律叔叔與學生提醒他們王家還是地主，他們的行動是觸法的，而且這種事與他們工作內容不符，勸他們不要當建商打手，招惹官司就得不償失了。

之後平靜沒幾天，他們主管又下令要保全在我們睡覺時刻意騷擾屋內的學生。他們每晚來騷擾幾次，有一次保全跑到我們的屋後敲門，那天哲韡守夜，保全請哲韡陪他演一齣戲給他們主管看，好讓他交差了事，最後這齣戲以報警結尾，哲韡與他達成了協議。對方

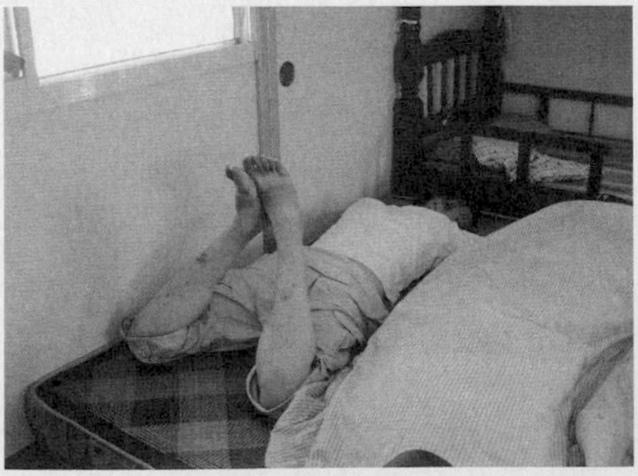

想用日夜的疲勞轟炸對付守家的學生，還好大家的抗壓性都很高，不會因此而放棄。

組合屋裡的日常

在組合屋裡，我們製定了幾個生活條例：（一）男女不能睡在一起；（二）不可在屋內抽菸、喝酒；（三）保持屋內整潔；（四）物品用完要歸位；（五）晚上不可以太吵。為了敦親睦鄰，當我們的活動進行到晚上時，都會把音量放低。

最難達成的是物品歸位，大家使用習慣不同，加上環境凌亂，不同的人有各自的整理邏輯，經常找不到臨時需要的物品。後來我們將物品歸位好之後，畫出物品分類的位置圖貼在牆上，方便其他人使用。單人沙發區背後的牆是我們的公布欄，貼滿了重要訊息，包括排班表、物品歸位圖、緊

急事故聯絡電話如警察局和環保局，以及處理衝突事件的 SOP 等等，希望在慌亂時可以給現場守衛者一個判斷的方針。隨著日後衝突形式的不同，牆上的內容也不斷更新。

組合屋的正當防衛

組合屋的門窗是透明玻璃，所以工人時常透過窗戶窺探我們留守的人數，再決定偷沙包的行動時機，因此我們初期在門窗貼上牛皮紙，後來發現窗戶對外那一面可以用來張貼抗爭事件的相關訊息、報導或標語，讓有興趣的路人閱讀。

對內的那一面我們則貼上組合屋內正當防衛的方法。在那個現場衝突極為頻繁的時期，對方的攻擊方式越來越激烈，現場氣氛非常緊張，工人甚至敢在警察面前對我們咆哮，而且我們早已對警察失望，這裡進入「無政府狀態」（市府說這裡是私權糾紛，他們不會介

有一天，Daisy Lin 在組合屋屋頂觀察對方時，順便練起瑜珈，剛好被阿雄補捉到難得的畫面，一邊是和諧的肢體動作，另一邊是具有破壞性的怪手，兩者形成強烈對比，就像是我們用身體阻擋建商與政府聯手的龐大機器，這場看似勝算不大的城市戰役，我們只能以柔克剛，希望老天會還給我們公道。／鐘聖雄提供

入）。為求自保，我們只能在重要時刻吸引外界眼光來保護自己，所以在屋內準備哨子、大聲公、防狼噴霧器、監視器等等，我們推敲對方攻擊大家各種可能的方式，並用這些工具作為防身器，因應工人半夜突然闖入組合屋。除此之外，王爸還教我們簡單的防身術以求自保。

那段時期，現場的恐懼壓力指數非常高，加上建商刻意假藉製造衝突之名提告許多聲援者與王家人，大家每天都要面臨被告的威脅。我們秉持著「只防衛、不攻擊」，阻擋工人的挑釁行動時，常吃悶虧，掛彩、瘀青、擦破皮是常有的事，回想起來那幾個月的日子，時時刻刻戰戰兢兢，真的十分痛苦。

颱風夜守家

台灣夏季多颱風，二〇一二年七月底的蘇拉颱風來勢洶洶，這是組合屋落成以來第一次面臨颱風的考驗，我們有點擔心屋子的結構是否足夠穩固。颱風來的前一天，我和 Ivy、Alan 在屋前的棚子下一邊使用電腦一邊聊天，外面的雨勢忽大忽小，桌面上的物品被一陣陣雨水淋濕了，我們觀察到下午的風勢和雨勢越來越強，決定把棚子下的物品撤到屋內，比較頭痛的是，現場沒有人知道如何收起棚子。正想打電話向法蘭克求救時，他騎著摩托車剛好到場，成了我們的救星。我們想一併把十八號地上的棚子也收了，但那個棚子因為被怪手殘害過，我們在原有的骨架上綑綁了水管來補強結構，因此拆卸比較費時，除此之外還要把十八號地上的監視器與延長線移回組合屋內。我們在風雨下工作，大家都淋濕了，幸好屋內有毛巾、吹風機與換洗衣物，可以讓我們快速弄乾身體。

隔天（八月一日）的風勢雨勢更加強烈，但早上未宣布停班停課，看著對方工地的工人正在為鐵牆做防颱準備，他們在十六號地上拉起警戒線。下午王章凱老師開車送來兩組他設計的木製書架給我們，在屋內幫我們組裝。我與父親討論如何做防颱準備，他比較擔心廁所與組合屋的屋頂是否經得起強風吹襲。晚上父親下班後趕來幫我們把屋後的廁所用繩索固定，不久後永勝大哥也來到組合屋。許多朋友都擔心組合屋的安危，所以不約而同在下班後前來。

在屋內的人用膠帶貼在玻璃窗上，有些人整理屋內物品，順便大掃除。王章凱老師與堂

屋前的窗戶外張貼其他地方的迫遷議題，此照片是老王帶著百衲旗環島（請看第六章）時所拍的珍貴照片。／老K

弟把書架組裝好後，大家把屋內的書籍與物品擺放在書架上，並在旁邊放了一個舒適的單椅沙發與一盞立燈，瞬間成為一個溫馨的閱讀小角落。

那個晚上，我們買菜回來，颱風夜的主廚是哲韡，他用卡式爐為大家煮了熱騰騰的湯麵。當我們想要幫忙時，他說：「幫忙洗菜！」但屋內沒有水源，要洗菜必須穿著雨衣到屋外的水龍頭用水，而此時屋外的狂風暴雨必定把人淋濕，沒人想變落湯雞，後來是螞蟻自告奮勇冒雨衝出去洗菜。

越晚屋內的人越多，晚上阿三哥、小白、小陳冒著風雨來到組合屋，大家一直看著窗外的樹被風吹得歪斜，我們發現建商派遣的晚班保全人員沒來，屋內朋友開始開玩笑，有些人說他們要放颱風假所以不會來了，另一些則說他們只是晚到。大家討論得起勁時，這些保全穿著雨衣頂著強風走到橋下，我們開門跟他們揮揮手，說今天的風雨很大，要他們在外面小心安全，他們也禮貌點頭回應。

越晚風雨越強，我和家人決定跟著學生一起度過颱風夜，晚上十一點多對方工地的鐵皮已被強風吹倒了，到了十二點組合屋停電了，躺在上鋪睡覺的熊貓說屋內的牆壁不停搖晃，外面風雨打在屋頂與門窗上發出巨大聲響，好像隨時可以把屋子吹垮，屋外的廁所門也發出砰砰巨響。這一夜大家睡得很不安穩，父親坐在沙發休息但不時走到窗外查看對方的鐵皮會不會被吹垮而砸向我們，對方的保全也不時跑到我們屋前詢問狀況，但實在太

「關心」我們了，詢問時眼神一直張望著屋內，半夜十二點、兩點、四點，每隔兩小時就來敲門詢問我們，結果隔幾天同意戶的臉書開始攻擊王家人，說颱風夜留守組合屋的只有學生與聲援者，不見王家人；我想可能是保全不認識王家成員，才會惡意放話抹黑。

到了清晨五、六點，我們透過手機查看颱風走向，外面的風勢逐漸變小，我和老公兩人外出到永和豆漿幫大家買早餐，吃完早餐後我和父親把昨天的碗筷拿到屋外去清洗，順便整理戶外的環境。很多人這一夜無法安心睡覺，熬到早上才入睡，我們聯絡一下王爸，要他來接我們的班。雖然大家都很疲勞，但值得慶幸的是組合屋安然無恙。對方的早班工人來查看他們被風摧毀的鐵皮後，當天派人來維修。等待王爸前來的同時，我介紹組合屋內的學生給父親認識，這是難得的機會，讓父親了解這些熱心的學生。父親十分感激他們的力挺與幫忙，還與早起的螞蟻相談甚歡，後來王爸、王媽和家駿叔叔都來了，父親向王爸交待一些事情後我們才回家休息。

第三節：克難中的溫馨情誼

堂妹的婚紗照

家雖然被拆了，日子還是要過，婚還是要結。堂妹與堂妹夫在家裡受創的情況下決定在同年舉行終身大事，二〇一二年六月底拍婚紗照，外拍的其中一景來到組合屋拍攝。那天天氣炎熱，接近中午，我看著堂妹美美的新娘妝時，內心百感交集，一來替她開心，二來為她無法從自己的家出閣而感

到難過。她是十四號地王家的二孫女；我爺爺只有兩個孫女，即是我和堂妹，所以小時候我們感情很好，每次家族聚會都會膩在一起，一起吃飯、洗澡、睡覺，反而長大出了社會就很少相聚了，直到我結婚後，更無法在除夕夜到爺爺家與叔叔姑姑們一起過年。重感情的堂妹不時聯絡已婚的我，讓我倍感窩心，現在看著她忙於婚事，心中高興之餘有一點點悲傷，我們王家小妹長大了，要嫁人了。感慨的則是已過世的爺爺奶奶無法看到這感人一幕，希望爺爺奶奶在天之靈保佑我們後代子孫快快樂樂！

婚紗攝影師問我有沒有強烈的標語牌，我從屋內找到幾個強烈色彩的手牌給他們當道具，堂妹他們先在組合屋前面拿起手牌拍攝，這喜氣洋溢的幸福婚紗與戶外的怪手形成強烈對比，考驗著攝影師的功力，如何在強烈衝突的場景下拍出唯美的幸福感。堂妹與堂妹夫一同站在怪手上取景，才拍沒多久，建商工頭跑來抗議；有趣的是，他們用怪手壓住十八號地的貨櫃，我們提出抗議，他們都不理會，現在我們只是借他們的怪手來拍照，卻招來異議。

結束攝影之後，他們喝下王媽買的冰涼珍珠奶茶，繼續趕去下一個外拍地點。王媽看著女兒離去的神情，有著滿滿的愛與不捨，我想這就是為人父母看著出嫁女兒時的喜悅與不捨吧！

堂妹婚紗照側拍。／王瑞霙攝

堂妹婚紗照側拍。／王瑞霙攝

街
巷
4
台北市府
縱容私刑
328強拆事件滿月 士林王家公開聲明書
違法
強占

翔翔來澆花

抗爭的緊張氛圍，加上酷熱的夏天，大家都倍感壓力，於是大夥決定選定一個假日來主辦玩水趴，主題是「居住權持久戰戰鬥派對」，邀請關心王家的朋友們，回到這裡與我們同樂，也順便把我們花好久時間打包好的土石，重新疊回王家兩戶原有的牆上方，形成一道防禦的沙包牆。當天組合屋前聚集很多人，有遠從新竹來的朋友，也有附近的鄰居。

有一位看似國小生的小朋友拖著書包經過，好奇地看著屋前的彩色圓型充氣水池，小孩終究抵擋不住水槍的誘惑，開始跟若有玩起來，若有也開始搞怪戴起寫著「台北好好拆」的工地帽，一手拿著「台北市府縱容私刑」的手牌當擋水的盾牌，兩個大小朋友開始用水廝殺，一旁負責攝影的哲韡也忍不住加入戰局，拿著我們用來降溫的花灑亂噴，眼看小朋友快招架不住了，駱駝趕緊從屋內拿出個鍋蓋給

2.

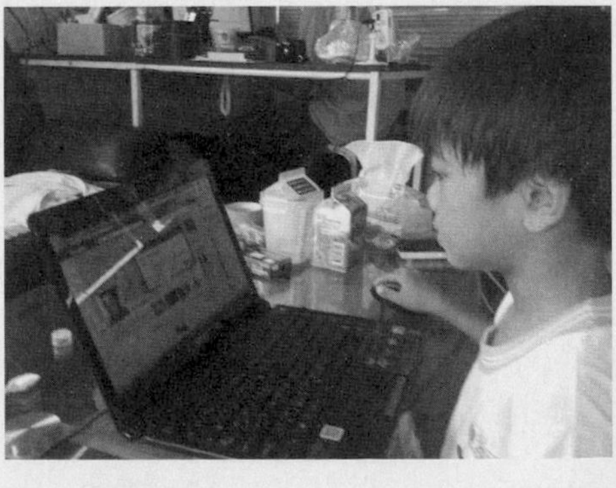

1.

小朋友阻擋大哥哥的猛力水攻。小孩的笑聲撫慰人心，感染現場每個人，讓我們暫時忘記被工人突擊與欺負的憤怒情緒，拋開緊張的生活。玩了一陣子，小孩跟駱駝說：「我的衣服都濕了，回家會被媽媽罵。」駱駝趕緊幫他拿一件我們的T恤給他穿，把他濕答答的衣服用吹風機吹乾，在等待的同時這位小朋友又跑到屋外跟其他大哥哥、大姐姐一起玩水。駱駝開始跟他聊天，知道他叫翔翔，住在附近，每天上下學都會經過組合屋。後來，翔翔每天下課後經過組合屋，都會跟我們打招呼。

翔翔時常來看我們，不知不覺中我們也習慣等他出現。有時他會進屋跟我們聊天，說說學校的事情，有時會跟我們借電腦玩一下遊戲，我們就像他的家人一樣。有一天下午，他出現得比較晚，有氣無力拖著他的手提箱書包氣嘟嘟走了過來，問他怎麼了，他說：「因為作業沒做完，被老師留下來把作業寫完才能回家。」我們都笑了。小孩就是小孩，喜怒哀樂都直接反映在臉上，不像大人世界裡很多人都帶著面具過著虛偽的生活。他的天真讓我想起國小時的我，一回家馬上跑去廚房找媽媽分享學校的事情，在那快樂的時光裡建立著親子間的互動；不知道他回去會不會跟他家人談起組合屋的我們？希望他的家人不要誤解我們。

有一天翔翔問我：「我可以幫你們澆花嗎？」我們組合屋內外都種有一些植栽，屋內的植物是為了阻擋工人開怪手對我們窗戶與後門排放廢氣，而屋外的花草則是哲韡和其他聲

1. 翔翔透過臉書留言，跟許久不見的駱駝聊天。／王瑞霙攝
2. 翔翔第一次與我們接觸，帶著帽子的大埔彭秀春大姐正好來看嬸婆，就坐在屋前的帳篷下。／王瑞霙繪

援者種的，為了讓組合屋有家的感覺。初時我以為翔翔只是想要玩水，後來發現他真的一有空就會幫我們澆花，看著他認真細心的表情，我感到慚愧，因為我們太常以自己的偏見去揣測別人的企圖，但一個國小生翔翔卻擁有如此單純的想法，對動植物的愛與付出都是很真誠的。

組合屋內的生日趴

這守家的一年中，許多學生與聲援者犧牲自己的個人空間以及跟家人互動的時間，堅持為我們守護僅存的土地。在這裡我們共患難，流血、流汗交織下形成堅韌的友誼。在這些友人長尾巴的日子，大家都會特別為壽星舉辦小小生日趴，一起同樂。大家的願望都是希望不要再有都更的受害者出現。／Ivy、肉肉與王瑞霙提供

特別的朋友

在我們抗爭的日子裡，有許多關心我們的朋友與陌生人時常來此為我們打氣，有跟我們一樣是都更案下的受害者（黃美圓小姐、素華姐、淑蘭姐、陳阿姨、永勝大哥、火森大哥、華光王先生、紹興王先生等）、土地被強迫徵收的居民（大埔秀春姐與柯大哥）、在台面臨不公平對待的藏人、護理人員（梁老師）、勞資爭議的受害者、原住民土地正義的倡議者（肉肉、阿螞樂・卡督）等等，這些社會的弱勢族群以及為弱勢者發聲的朋友，看著士林文林苑都更案的不公不義，自然生出同理心，伸出溫暖的雙手，彼此相互打氣。

蔡詠晴一家三口，是很特別的一家人。她是台灣人，先生龍珠慈仁是圖博（西藏）人，七月初的某個晚上，兩夫妻初次來到組合屋，在現場煮出幾道台灣吃不到的圖博家常菜色請大家享用，當時我們還沒有廚房，所以臨時在屋前擺了長桌當成料理台，在屋子右側用火箭爐來煮菜。火箭爐不像瓦斯爐一樣快速，它需要用柴火或木炭燃燒，所以需要花費一些時間，火候也比較不容易控制，大家在等待的時間一起幫忙處理食材，直到那特殊的香味從鍋中飄出來，有如聞到高山草原的味道，這種美味讓人難以忘懷。熱騰騰的菜餚一起鍋，大家開心地飛舞手中的筷子，盤子馬上見底。

吃飽喝足後大家一起到組合屋內聊天，分享彼此遇到的困境。龍珠用圖博語為大家清唱兩首家鄉的歌曲，第一首是《在這裡相聚》，祝福我們大家平安；第二首是《我的自由在哪裡》，歌詞是：「我從遠方來／一路走到台灣來／聽說這個地方很自由／但是我的自由在哪裡／想念台灣

詠晴與龍珠在組合屋煮晚餐。／許哲韓攝

的妻子和孩子／哪裡才是我們團聚的歸處？」這首歌正是他們夫妻目前的心情寫照，他們的異國婚姻因為龍珠的身分必須在印度結婚，兩人到了台灣，原本以為可以開心地生活在一起，卻因為他的國籍問題而無法取得居留證，只能在台停留最長六個月，就必須回印度一趟，重新辦理繁複的申請手續，才能再來台。他每年要與妻兒分開兩次，又因為沒有居留證無法在台灣找工作，經濟也陷入困境。這不單是這家人的困境，也代表著許多跟他們一樣無法取得平等居住權與工作權的人。他們向政府抗議多次，希望社會與政府多關注這些弱勢的聲音。

有一天下午，肉肉帶著一位原住民朋友來到組合屋，他就是歌手阿瑪樂·卡督

大家聆聽阿瑪樂的現場演唱。／王瑞霙攝

（Amale Gadhu）。幽默的阿螞樂有原住民風趣開朗的個性，在組合屋前拿起吉他隨興哼唱幾首動人的歌曲，留守在現場的人非常幸運可以聽到這樣的LIVE演唱，感謝他用歌聲撫慰我們日夜受傷的心。阿螞樂是魯凱族，他們居住在山上的族人因為漢人入侵，也面對迫遷問題，一談起這話題，他的表情馬上變得沉重。在台灣，因財團及政府聯手欺壓而衍生的迫遷問題，受害者是沒有族群之分的；透過交流，我們更了解彼此面臨的困境。

來不及道謝的朋友

丸子本名是邱照惠，是靠悲的熟識；她是人本教育文教基金會南部聯合辦公室的教育組長，二〇一二年八月七日下午她來到組合屋找靠悲，靠悲剛好外出不在家，那時我與屋內的學生正在討論被工人提告進去警察局時要注意的事項，律師團也提供我們一些法律訊息。丸子小姐也熱心加入我們的討論，並分享她的經驗，討論結束後我帶著丸子到十八號地，為她導覽，說明強拆後我們所面臨的問題與困境，還有怪手放屁、工人挑釁等等衝突的演變，她聽完之後跟我說她想與現場在橋下休息的工人聊聊，我提醒她對方很不友善，希望她要有心理準備。

看著她走向工人，我先回去組合屋休息，過一會兒她回到組合屋跟我說，她只不過想了解工人的心情，但這些工人卻對她不理不睬。我當時非常佩服丸子的勇氣，她的談吐之間能讓人感受到她對人的關懷與真誠的心，這是我對丸子的第一印象。隔天，我跟靠悲提到丸子來找他的事，他說丸子之前好像也來過幾次，所以很了解這裡的事。

事隔不到兩個月，十月一日早上我看到靠悲穿著正式的黑色衣服要出門，他說要去參加丸子的告別式，我嚇一跳！丸子！她幾個月前不是才來過組合屋嗎？「好端端的人怎麼會這麼突然就走了呢？」他說，丸子患有癌症，一直在做化療，身體時好時壞，可能是那幾天精神比較好，所以來組合屋看看我們，九月份她的病況突然快速惡化，九月底就病逝了！我與丸子雖然只是一面之交，對她印象非常深刻，在她的身上覺察不出任何病容，看到的是一個堅強樂觀的態度，只能說人生無常，最重要的是活在當下，願她擺脫身上的病痛，在天上快快樂樂地生活。唯一遺憾，就是再也沒有機會向她道謝！

拆後的第一個除夕夜

二〇一三年年初的農曆新年，學生都要回家過年，所以王爸必須留守組合屋，父親擔心王爸一家人在組合屋過年會觸景傷情，決定帶著我們一家大小回士林老家吃年夜飯。

我開始懷念小時候回爺爺家吃年夜飯的情景，叔叔姑姑們開心帶著堂表弟妹，一早就在爺爺家集合，母親與嬸嬸們早上忙著去市場買菜，準備晚上豐盛的料理，爺爺則帶著我們這些孫子整理屋內環境，在大門上貼春聯，還為我們辦各種才藝比賽，並且獎勵我們。

我們年夜飯常見的菜色是生魚片、透抽沙拉、糖醋魚、烏魚子海鮮拼盤、佛跳牆、烤香魚等等，最重要的是祖傳菜「蔥仔雞湯」，這湯品是曾祖母傳下來的，爺爺說這是他最回味的媽媽味，而這道菜也就成為年夜飯必定出現的湯品。在組合屋老家的遺址上吃著兒時爺爺家的年夜菜，心中感觸五味雜陳。

以前的年夜飯是大家同心協力準備的，廚房裡非常熱鬧，擠滿了大人與小孩，有人負責洗菜、有人洗碗盤，主廚是二嬸嬸，她負責設計菜單，王爸則喜歡在廚房跟我們和奶奶談天說地，幽默的他一下說要幫忙炒菜，一下說要品管菜色口味，說穿了就是偷吃菜，逗得奶奶非常開心。爸爸與二叔叔會和爺爺在客廳看電視聊天，小孩則穿梭在客廳與廚房之間，用餐前我們會一起整理客廳的乒乓球桌，把過期的大張月曆反面當餐紙使用，也準備搬椅子到客廳，再把熱騰騰的菜端到客廳乒乓桌上。年初一早上，我們的消遣運動就是打乒乓球，這也是爺爺奶奶的運動之一。這熱鬧有趣的場景因爺爺奶奶的離去而不再復返。

在組合屋裡吃著媽媽與王媽準備的年夜飯，瑞典籍的石達如老師和一些聲援者也來跟我們一起過除夕。過節的成員變少了，同樣的食物吃起來味道也變得不一樣，我們只能跟石教授分享我們過去的年節點滴，關心我們的小白撥空來組合屋看我們，王爸開心地邀請她

瑞典籍的石達如老師（右二），來台研究台灣的發展與社運議題，她多次出現在我們現場，訪談過王爸和幾名學生，與她聊天時得知她過完農曆年之後要離開台灣到大陸，我邀請她在除夕晚上與我們在組合屋圍爐吃飯。

進來一起品嘗王家的年夜菜。紀錄片導演珠珠稍晚也來到組合屋拍攝我們圍爐的畫面，吃飽飯後小姪女們開心地與小姑沛均和我在屋前玩起老鷹捉小雞的遊戲，石老師、王爸和父親在屋內聊得很開心，就這樣我們以緬懷的心情度過了強拆後的除夕夜。

第四節：組合屋空間機能的演變

1.

組合屋從二〇一二年四月二十五日落成，直到二〇一四年時的空間機能，隨著現場需求而有所調整。這塊土地，從原本的私人住宅，變成居住正義的抗爭場域，最後成了公民教育的教學現場。組合屋空間機能的演變，可分為三階段說明：

第一階段：宣示主權

（二〇一二年四月二十五日至六月二十二日）

直到二〇一四年為止，士林地政事務所的土地及建物登記謄本，都還登記著王家人為所有權

1.2. 現場學生進駐剛蓋好的組合屋。／王瑞雯攝

人，我們的土地不是建商的工地；組合屋一來作為臨時建物，宣示王家的居住權，二來則讓聲援的學生可以有個遮風避雨的空間。

第二階段：防禦功能

（二〇一二年六月二十二日至同年十二月）

自六月二十二日到年底，因建商派三台怪手和貨櫃屋強占十八號王家土地後，現場非常危急，我們組成了「王家守衛隊」二十四小時排班守家，組合屋變成戰場上的前線堡壘，白天要有容納多人使用的機能，晚上要有睡眠的空間，屋外設有服務台讓有相同遭遇的民眾取得法律諮詢與經驗分享。發生重大衝突後，組合屋這小小的空間便從住家機能轉變成開記者會的空間，必須保持空間的使用彈性，所以內部家具必須是可移動式的。開記者會時，床墊可以直立起來擋住窗戶光源，變成投影布幕的背牆，而高櫃的

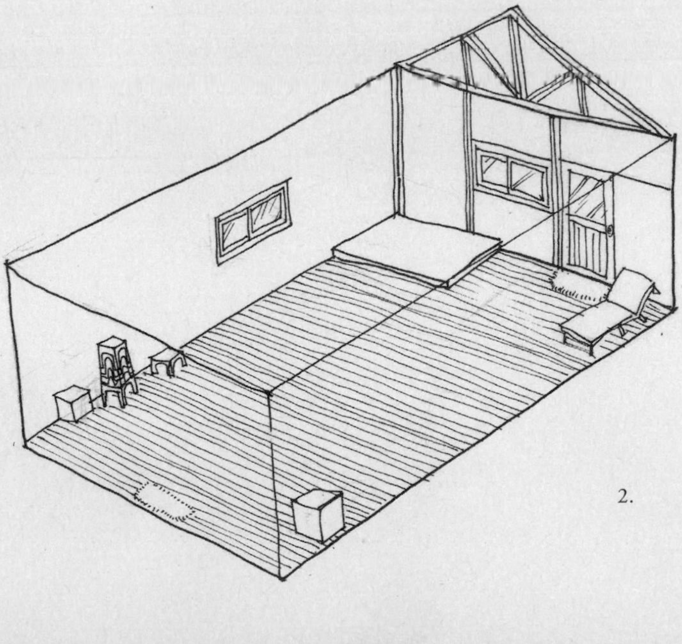

2.

背面則可成為張貼抗議布條與標語的展示牆。這期間組合屋使用率極高，它陪伴我們度過許多艱辛的日子，很多聲援者與學生平時要接洽民眾詢問，充當解說員，感謝小魚與靠悲等人負責導覽，讓來此地的朋友了解事件的真相與整體始末。

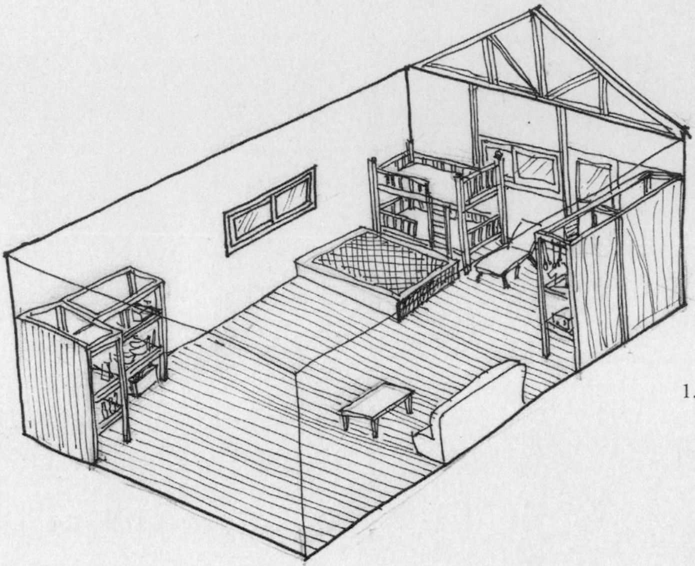

1.

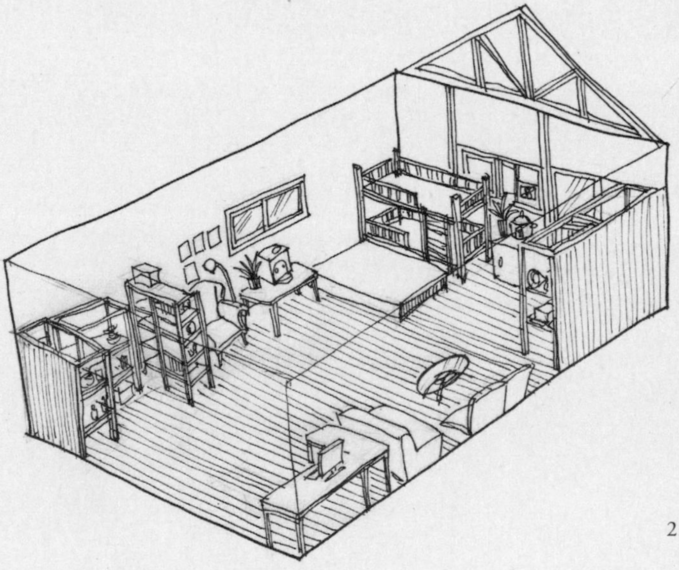

2.

1.2. 組合屋從防禦功能轉向社會功能。

第三階段：居住權戰鬥教室

（二〇一三年三月二十八日至組合屋拆除）

二〇一二年十一月三十日，建商工地撤掉最後一台具有威脅性的怪手後，現場危機暫告解除，我們一開始不敢相信，總覺得對方是否會運來比怪手更具破壞性的工具來對付我們，等了幾天後對方沒有動靜，大家才鬆了一口氣。但戰場從現場轉移到法院，他們用大量的訴訟案對我們提告，組合屋現場雖然還有工人持續監視我們，但工人已不像之前那樣做太多挑釁行為。經過大家的討論後，我們將組合屋定位成居住權議題的教室，結合其他的反迫遷團體，定期舉辦一些課程，讓有興趣想要了解居住權議題的朋友一起來聽課。

二〇一三年三月二十八日，士林王家強拆滿一年的日子裡，我們在此升起「居住權戰鬥教室」的旗

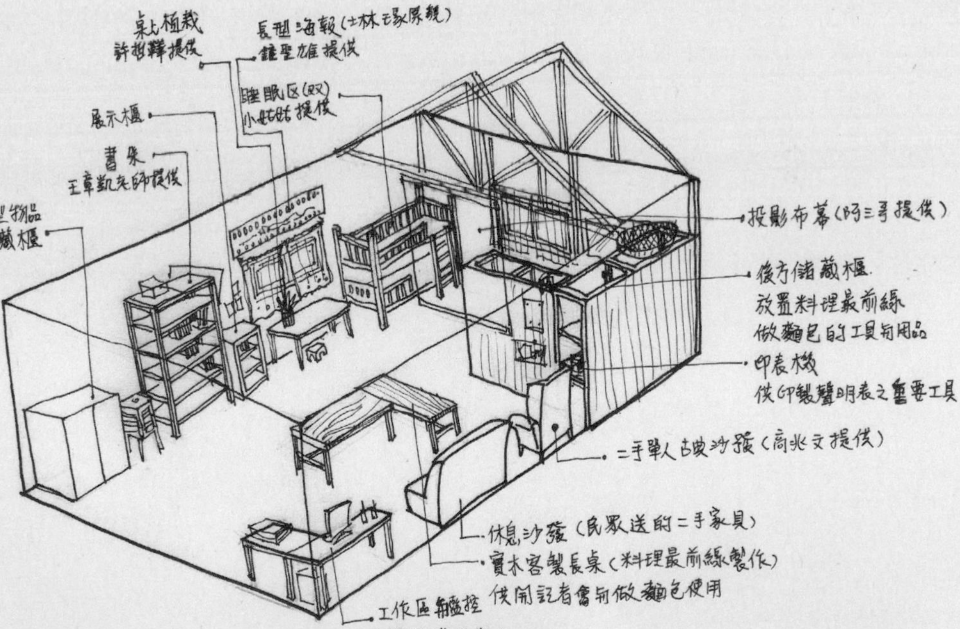

子作為宣示，希望藉由不同專家學者與律師的講課，來提升人民自我保護居住權的意識，我們期盼不要再有其他都更受害者出現。

屋內空間安排主要以上課桌椅為主，我們把高櫃移至屋子中間成為講課公布欄，高櫃上方吊著白色投影布幕，可供講者播放簡報，屋內還可提供飲茶，書櫃則擺放相關議題與法律的書籍，供大家現場查閱。

組合屋也可提供作為小型記者會的場所，或接待外國團體來此交流討論，這裡像是一個抗爭議題的故事空間，屋內保留許多不同時期留下來的抗議牌子與物品，每個物品都有存在的意涵，小到一副碗筷、一個哨子、一堆

1.

2.

美白面膜，大到一個櫃子、一張床，或是掛在屋內樑上的電扇、牆上貼著「刁民」的小貼紙，都是我們與聲援者難忘的生活記憶。雖然大家已不再每天黏在一起，但已培養出深厚的革命情誼，只要有需要他們的時候，他們都會隨時回到組合屋一起對抗巨大的惡勢力。

組合屋後期的維護

組合屋後期雖然沒有人員長駐留守，但有些朋友與聲援者隨時經過時都會幫忙留意屋況，感謝阿三哥、Ivy、小魚、若有、老陳、小白、悅瑄、至誠、鹹魚、皮皮等好友的幫忙，每當現場出現異常，這些學生與好友都義不容辭趕到現場幫我們查看動靜。在房子維護方面，小陳會默默幫我們更換廁所壞掉的燈泡，小魚與悅瑄、至誠等人時常整理組合屋內外的環境，家駿叔叔與王爸則經常回來屋子，收信時順便檢查屋況，小朋友翔翔有時會過來幫我們屋外的植物澆水，林永勝大哥時常幫我們修屋內的水電，組合屋在大家細心維護之下，繼續發揮功能，直到後來意外被拆。這個小空間為正義抗爭的同時，也默默承載著我們的共同記憶。

1. 郁齡用油漆代替墨水，在棉布上寫下「居住權戰鬥教室」的旗幟。
2. 慧瑜在組合屋上升起旗幟。／王瑞霙攝

新竹的一群師生，為王家發聲的時候承受著一些大人的語言暴力。士哲老師說：「我們的社會，對孩子、對不同的聲音，都極不友善。但這種不友善，卻讓孩子學會真正的堅強。我們不能因為巨大的蠻橫，就遺忘了微小的溫柔。」

「料理最前線」在組合屋蓋了廚房、造了窯，「食」成為串連力量的媒介。士思說：「要重起爐灶是很簡單的，不容易重建的是人與人之間的情感、互助。一個飯廳只需要簡單的圓桌，我們就能更了解彼此。」

老王帶著「居住正義百衲旗」獨自環島，把王家抗爭的聲音帶到台灣各個角落。這所有行動讓我體悟到，我們確實一直在領受著來自全台灣的祝福，而同時我們的行動也正在給予力量，鼓勵著許許多多此刻在為自身權益抗爭的群體。這即是我們所樂見的，一股真善美力量的循環——大家正為了創造一個更理想的社會而彼此接力。

第六章：接力

圖／王瑞霙攝

第一節：公民教育現場

小朋友的公民教育課堂

二〇一二年七月四日，一個熱到快中暑的中午，小虹說有一位新竹的老師要帶一群小朋友來看我們。那天嬸婆、四姑姑和王媽在捷運橋下避暑聊天，我和二姑姑、小虹、哲韡、八六、靠悲、Ivy 在屋內留守，正當我快昏睡時看到遠處來了一群小朋友與老師，小虹出來迎接，先帶他們走過一圈認識現場環境，之後大家從屋內拿了小塑膠凳到橋下，與小朋友圍成一圈坐著聊天。

帶著小朋友的士哲與駿逸老師說，他們曾以士林文林苑事件作為教學主題，事先向學生解說這裡發生的事，然後由小朋友分組揣摩事件中的人物，進行角色扮演，分別扮演郝龍斌市長、同意戶、王家人、王家友人，過程中扮演郝龍斌團隊的小朋友看著王家人與同意戶吵得不可開交而不知所措，並且在演出情境劇的過程中產生許多疑問，所以決定到現場直接考察和發問。小虹和我頓時變成小老師坐在他們前面，聽取小朋友的一連串問題，小虹先分享國外的都更經驗，讓他們了解其實有許多理想的解決方案，但我們的政府卻不採納，一意孤行縱容建商與民爭地。

坐在一旁的我有點徬徨，不知我講的內容小朋友會不會聽得懂，畢竟這是一個嚴肅且複雜的事件，裡面涉及憲法和都更條例，還有建商如何以技巧性手段讓欺詐的圈地動作變得表面上符合法規，當中更涉及某些人為了炒房利益所表現出來的貪婪，這還沒說到現場工人的挑釁所衍生出的官司。我擔心這些內容對小朋友來說太沉重了，所以決定與他們分享王家人在這事件中的內心感受，因為這是最直接，也是最真實的切入點：祖先遺留下來的土地，承載著家族幾代人的故事，這不該是一塊用來交易的土地，而是我們的「根」，絕對無法以金錢來衡量價值。在講解的過程中，小朋友眼神的回應給我無比的力量，他們聽得懂我所分享的內容！

談話時間結束後，兩位老師帶著學生移到一旁黃綠大球的空地上寫生，學生認真拿筆畫畫的模樣十分可愛。來到這裡的，不論是大朋友還是小朋友，都帶著純真的心與我們互動，這與我在職場上面對的人截然不同。小朋友畫畫結束後，老師帶他們去買養樂多招待王家人與聲援者，除此之外他們也幫現場的工人準備養樂多，結果工人禮貌地回拒了，畢竟他們上級有交代不可以與我們有任何互動。

兩週後的七月十八日中午，新竹的小朋友再度來到我們這裡，因為之前與他們互動過，所以孩子們不再像上次那麼拘束。小朋友開心地走到屋前的棚子下，嬸婆與王媽剛好也在那裡，士哲老師拿著一本很大的相本請小朋友親自送給嬸婆。士哲老師說，這冊子是這群孩子在新竹市區發傳單為路人講解王家事件後，收集路人給王家的祝福和打氣。我們當下很感動，但還不知道小朋友行動背後的小故事。當天我把相本帶回家掃描存檔，這些畫是小朋友用心收集的，若不先做好保存，我會很不放心。

小朋友完成任務後開心地在黃綠大球上攀爬，熊貓拿出吹泡泡的玩具與他們一同玩耍。我突然想到上個星期六舉辦的「王家戰鬥派對」，邀請聲援者在十八號地上我們事先堆砌的沙包上彩繪；於是我們邀請新竹的這些小朋友在沙包上畫畫。我與黛安娜和小魚把收在組合屋裡的壓克力顏料、畫筆和水桶搬出來，小朋友拿起調色盤，把鮮亮的顏色擠上去，如小畫家的模樣專心作畫。這些小孩做什麼事都這麼認真，他們仔細挑選適合的沙包，在凹凸不平的

1.

2.

沙包上寫上王家兩個字，有的畫上喜歡的大草莓，士哲老師也忍不住大展才藝，盡情在沙包上揮灑。這些平淡無奇的沙包，經由許多人的彩繪，變成具有生命力的畫作，這是熱心的聲援者賦予這場抗爭無限的祝福，祝福王家人平安、祝福王家房子可以早日蓋回來。一旁的工人用ＤＶ記錄著我們的一舉一動。

小朋友來訪的當天下午，我們對抗工人用山貓鏟除我們的土堆，還得忍受兩台怪手惡意排放廢氣；稍後，是蔡詠晴小姐帶著她的兒子與友人來看我們，一整天的心情變化有如在洗三溫暖。

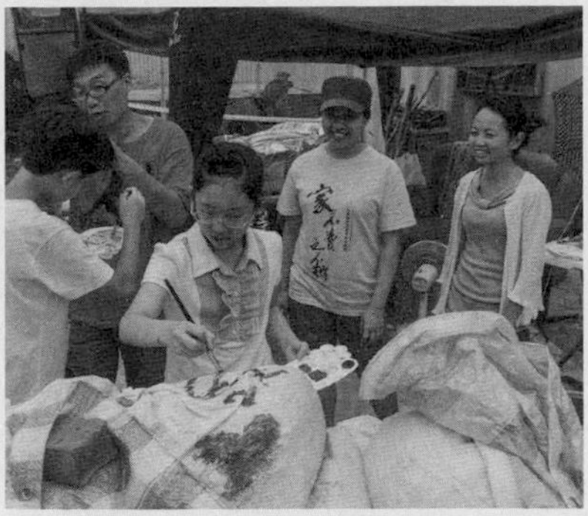

3.

4.

1. 第一次到王家，現場的聲援學生跟小朋友聊著這個空間發生的連串事件。／王瑞霙攝
2. 第二次到王家，士哲老師向王家人解說相片簿的內容。／許哲韡攝
3.4. 小朋友在沙包上彩繪。／許哲韡攝

直到近期，看著照片想到這群小朋友，不免好奇他們怎麼知道我們家的事，而且還大老遠從新竹北上來看我們。再次與士哲老師聯繫後，才知道他們是「光合人文教育工作室」當年夏令營（社會營）的學員。他跟我們分享當時的「課程記錄」，這些孩子在過程中確實比在學校得到更豐富的學習。孩子們第一次訪問王家後，自發想為王家做些什麼，討論之後決定用「新聞台」的形式來為王家「發聲」。他們設立了一個叫做「王家拆屋說明站」的攤位，擺放的文宣有媒體報導、傳單、海報，以及兩副孩子們創作的對聯：「建商無限拆到飽，王家困擾真可憐」、「樂揚用錢逼居民，王家可憐沒房子」。當日的成果是一本相本，請路人繪製自己的全家福，收集完成後再送給王家當成祝福的禮物。這是多麼棒的實踐，他們為這個行動取了一個很酷的名字：「報導龍小組」。

但是，這些孩子花了一個下午在街頭發傳單時也碰到了許多挫折，有些路人把他們辛苦設計的傳單揉掉，有些人不理他們，比較過分的是一位老伯，看了一眼傳單就大聲地說：「台北的事情，干我們新竹什麼事！」「這就是政府的計畫啊！為什麼不能蓋？你小孩子懂什麼！」看到這一段，我好難過，這些孩子到底做錯了什麼，要被無知的大人如此責備？我想這些遭遇對小朋友的心靈一定造成不小的打擊，還好有老師在旁邊保護著他們。

當時老師把小朋友召集起來，安撫他們，被罵的小孩還在自責是不是自己說得不好。老師跟小孩說話時，罵人的老伯再次走向他們，說他們不該發這些傳單，還說這是台北人

小朋友向路人說明王家都更事件。／羅士哲老師提供

的事不是新竹人的事。老師馬上告訴他：這是新竹人、台中人、台南人、高雄人的事，因為這是全台灣的都更條例。老伯又問老師是不是有什麼團體在背後支持他們做這種事（他認為是民進黨），老師再次說明這只是一個夏令營，沒有任何黨派介入，而這些都是孩子自發的行動。最後不死心的老伯還質疑傳單的內容由老師代筆，他不相信小孩能寫出這樣的文章，這時小朋友馬上反擊：「當然是我們自己寫的！」老伯質疑孩子的動機與能力，認為「小孩」不可能會懂「大人」的事，卻沒有意識到真正無知的是他自己。這位老伯其實也代表著許多無知的大人，只吸收報紙和電視新聞的片面訊息，加上自己的偏見，即做出判斷。

有個孩子發傳單屢屢被拒，他難過得在攤位旁找了一小塊空間當作「自暴自棄區」，每當想放棄時就會躲在那裡一會兒，老師給他鼓勵後又再次出發。他們辛苦了一天，拉到四組人前來聆聽解說，也收集到四張全家福圖片。士哲老師的課程紀錄中寫道：「我們的社會，對孩子、對不同的聲音，都極不友善。但這種不友善，卻讓孩子學會真正的堅強。」「我們不能因為巨大的蠻橫，就遺忘了微

小的溫柔。」這兩句話讓我更加感動，這群用心的老師，已在孩子心裡種下寶貴的種子。

孩子鏡頭下的王家

二〇一二年七月二十七日下午，哲韡帶著一群國小到高中混齡的學生來到組合屋前，這些孩子身上都配帶著相機，他們先集合在組合屋前聽完哲韡的說明後，便各自帶著相機尋找鏡頭下的主題。他們小心翼翼地使用相機，舉動令我好奇，後來才得知這是一群特別的孩子。

有一個專門做社區日間輔導與照顧的機構「勵友中心」，照顧父母（或祖父母）沒空或無力照顧的孩子，而哲韡在那裡教學生攝影，他們手上的相機是透過二手相機徵集計畫得到的，所以特別珍惜。這讓我回想起高職時攝影老師說過的一句話：「要把你手上的單眼相機視為自己的生命一樣重要！」因為單眼相機當時相當貴重，一般學生是買不起的；而今物質氾濫的時代，很少人會珍惜手上的物品，一般人對物品遺失都沒什麼特別感覺，不痛不癢的，覺得沒了、壞了再買就好了！所以這群孩子特別讓人感動。

有的孩子跑到屋前拍攝花草，有些選擇以建商圍籬骨架上的工作手套為拍攝主題，還有孩子跑到組合屋的屋頂找尋特殊的拍攝角度，哲瑋當然也跟上屋頂保護這些孩子。我和其

小朋友好奇地爬上屋頂尋找鏡頭下的主題。／王瑞霙繪

他友人也沒閒著，不停回答這些孩子提出的各種問題，比如「你們為什麼不搬家要堅持住這裡？」「面對怪手你們會怕嗎？」我們會針對提問者的年紀做淺顯易懂的回答。之後我開始向他們介紹組合屋的內部布置，組合屋的每件物品都是因需求才存在的，我採取反問的方式與孩子互動，例如問他們為何屋內會有手動撒水瓶與酒精？孩子們開始天馬行空講出各種有趣的答案。

午後的時光，有這些天真無邪的孩子們陪伴，讓我們一時忘記夏季的酷熱，也帶來了許多歡笑。送走這些孩子之後，就看見建商工人把站崗的椅子也搬走了，原來時間已來到五點，工人下班了，我們終於可以放下當日的警戒心，開始討論晚餐要吃什麼。

第二節：料理最前線

首先他們蓋一間夢幻廚房

「料理最前線」由一群很有執行力的青年組合而成，初期成員是三位化名為土思、身土不三、萌面 Kiki 的學生，都來自藝術相關的學系。他們初次來到王家時，祖厝已被拆毀，當時許多聲援者在這裡靜坐抗議，身土不三有感於現場的聲援者無法好好吃頓飯，於是找來土思和萌面 Kiki，在現場煮了薑汁地瓜給大家吃。他們把火箭爐和食材帶來，現場的夥伴開始主動幫忙，氣氛頓時變得溫馨。一個簡單的「食」，改變了當下的氛圍，於是這三位學生有了新的想法，要以他們能力所及的方式來幫助現場的朋友——以後來這裡為大家煮飯，甚至蓋一個窯，讓「家」完整。

組合屋蓋起來後，他們想蓋一個廚房，讓大家有個舒適的料理環境，至少不用每天蹲在怪手底下洗碗。三位學生利用空閒時間，先清除堆在組合屋左側小土堆的瓦礫；這浩大的工程，坦白說我剛開始並不看好，因為總覺得他們只是學生，怎麼懂得蓋屋？可是，看著他們默默在動工，印象開始改變。他們動工的時間不固定，天氣太熱就在傍晚工作，幾個人花了很長的時間清除瓦礫，並用電鑽把大型水泥柱體擊碎，把一塊塊水泥與磚塊用推車載到十八號土地上，一旁的工頭還消遣他們說：「你們要挖到民國幾年啊！要不要用怪手直接幫你們清空啊？」他們的行動引起很多人的好奇與關注，若有與永勝大哥也來幫忙，漸漸的這個原來是祖厝前陽台的狹小空間終於清出來了，讓這個埋藏了五個多月的地磚可以重現天日，乾淨的陽台讓我們對這個家再度燃起一線希望。

我真的看錯他們了，原來他們是玩真的！當天晚上，他們用酒精爐煮了一頓晚餐，叫做「都更人參蔬菜飯」，為未來廚房開啟第一個里程碑。

接下來他們用鷹架鐵管當廚房屋頂的基本骨架，搭接在組合屋的屋簷下方，再用一根根南方松當屋頂的桁架樑，在桁架樑上方鎖上透明浪板；他們在入口前端做了鐵管直梯，可以讓我們安全登上屋頂阻擋怪手，在直梯上延伸一根鐵管作成旗杆，日後可用來升上宣示主權的旗幟。空間結構體完成後，他們開始把水管換成硬管，在四處設置給水管，分別是屋前右側、廚房新設計的流理台、廁所，以及屋頂的灑水器，如此一來我們用水就更加方

幾乎清空的前院，終於可以看見埋藏五個多月的地磚。／料理最前線提供

便了；而且，他們的技能根本可媲美專業水電工。為了提升廚房機能，他們在靠近組合屋側邊用南方松做了一個吧台，把左側前院原有的半毀圍牆整理成座位區。

靠近水槽的地方綁了一大片鐵網，掛上 S 型掛鉤就可以成為懸掛鍋鏟等廚具用品的多功能牆面，他們運用許多簡易型 DIY 創意，讓這廚房更有家的味道。

1.

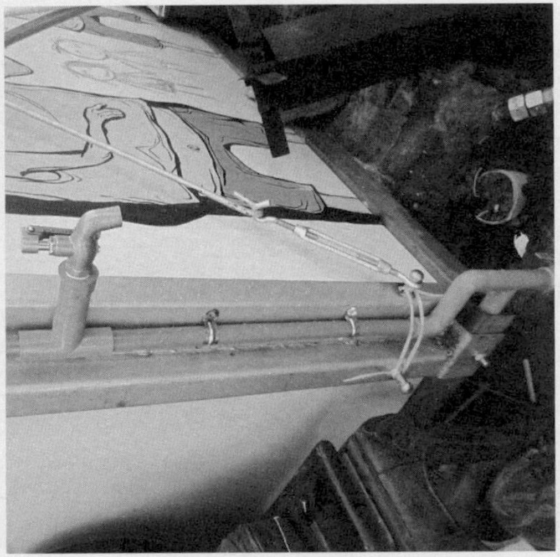

2.

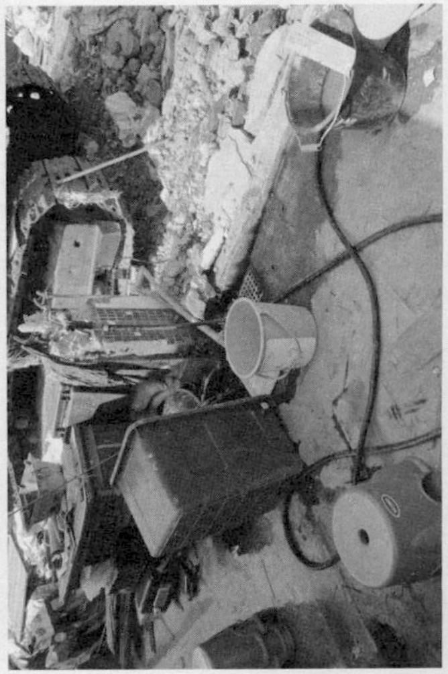

3

然後他們造出一座窯

接下來他們挑戰一個高難度的任務——造一個窯，這個概念來自於農業時代家裡的灶垀是用紅磚砌成的，家家戶戶每日都要燃燒木材生火為家人做三餐。他們想要延伸這個家的味道，造出可以烤麵包與披薩的窯。他們收集了許多資料，並在牆上畫出初步的示意圖。為了不讓原有地板磁磚受熱破裂，他們先用防火磚與空心磚做窯的底部與背牆，接著在上面砌上防火磚與紅磚，每砌一層都用水平尺定位一次，慢工出細活，一塊一塊磚頭砌出漂亮的窯。這個窯有兩個入口，上層入口是放食物烘烤的空間，下方是放木塊燃燒加熱的空間。這兩個爐口的門栓，他們設計成怪手造型，並在牆上畫出窯燒的使用說明圖。最後他們把組合屋的外牆換上米黃色的油漆，在屋子正面左側刷上黑板漆，當成留言板，屋子的骨架則漆上黑色油漆。他們運用創意讓組合屋脫胎換骨，在屋前擺上植栽與燈具，瞬間散發有如民宿的優雅風格，大家都很感謝他們打造了舒適的廚房和溫馨的組合屋。

「前線十四號窯」啟動！

有了新窯，料理最前線的朋友開始試烤麵包，這又是一件富有挑戰性的任務。土思、身

1. 夢幻廚房打造中。他們堅持戴著面具入境。／料理最前線提供
2. 新的硬管出水龍頭。／王瑞霙攝
3. 原先的用水空間，我們在此洗碗、洗菜、洗衣。

土不三負責燒窯，做了各種測試；第一次的燒窯花了超過三個小時，同時 Kiki 必須掌控做麵包的時間。他們做的是手工發酵麵包，麵包發酵需要溫度與濕度，天氣太冷時他們還要用炭火加熱正在發酵的麵糰。麵糰發酵完成，要等窯燒溫度到位才能放進去烤，但若發酵太久麵包則很容易塌陷，時間或溫度不對麵包也會發不起來。經過第一次的經驗，他們終於找到了窯燒的技巧，知道如何控制火候與溫度。

料理最前線以食出發，想烤些麵包來送給王家附近的鄰居，重新建立友好互動關係，感謝鄰居的幫忙與體諒。他們之後還陸續做了許多不同口味的麵包、餅乾與果醬。

1.

1. 窯爐上的怪手造型門栓。／王瑞霙攝

團隊也增加了三位成員（腸蛇女、魚豆、皮卡好丘）一起在「十二小時瘋狂窯燒馬拉松」測試此窯的能耐，並且挑戰他們做麵包的技能。他們做了堆積如山的不同口味麵包，例如「都更怪獸麵包」、枸杞口味的「打枸棒麵包」、「挖土機麵包」等等，將創意麵包分

2.

3.

4.

5.

2.3.4.5. 料理最前線為此窯取名為「前線十四號窯」，在窯上掛了個不鏽鋼的「OVEN」Logo，做了木板台面的活動工作桌、用十八號地原有的磁磚與鋼筋做高腳椅，利用王家祖厝原本的建材，並注入新的生命，種種創意與施作都是他們親自設計與焊接完成的。／王瑞霙攝

屋子右側是塗鴉畫家糖果鳥（Candy Bird）的作品，反諷建商花大筆金錢派走路工與怪手來現場與我們對峙。
塗鴉讓這個屋皮可以對外說出自己的故事。／王瑞霙攝

送給台灣苦勞聯盟、三鶯部落的原住民、美濃居民、火大聯盟、華光社區等等。麵包的樣式推陳出新，受到熱烈好評，於是他們開始計畫在冬至舉辦活動，希望可以用美食拉近鄰里關係。

二○一二年十二月二十一日冬至前夕，我們在組合屋舉辦了「格外食在市集」，除了有料理最前線的美味麵包與果醬之外，還邀請其他藝術家、大肚皮廚師的美味料理、台灣農村陣線、樂生青年聯盟、主婦聯盟等團體來共襄盛舉，現場還有搓湯圓的活動，當天來了許多聲援者。有了這次美食分享的成功經驗，二○一三年年初他們以士林王家「前線十四號窯」料理食物為出發點，結合許多社運議題，把美味的麵包發送給現場抗議的弱勢團體，用溫暖的麵包傳達最直接的鼓勵。後來他們參與了彎腰農夫市集，再次將這分美味與社會關懷推廣出去，他們還把手繪食譜公開在網路上，讓大家都可以在家做出美味料理。／台灣都市更新受害者聯盟提供

料理最前線的成員不管在蓋廚房的工程期間，或是在做麵包時都會蒙上面具，用意在於去個人化，他們覺得「戴上面具只為了讓你看見我們的存在，聽見我們的聲音，我們是醫生、律師、教授、勞工、婦女、原住民、新住民、移工、無家可歸者、同性戀者，也是學生，我們可以是任何人，我們在前線抗爭、生活，也彼此學習新的技藝……」料理最前線成員土思認為：「對我們來說，要重起爐灶是很簡單的，泥巴磚頭拼拼湊湊就能幫大家煮飯了，不容易重建的是人與人之間的情感、互助。一個城市的進步不在於光鮮亮麗的外表或進步的建設，而是人與人的合作關係，一個飯廳並不需要電視電腦、iPod或卡拉 OK，只需要一個簡單的圓桌，我們就能更了解彼此。」／料理最前線提供

第三節：百衲旗環島之旅

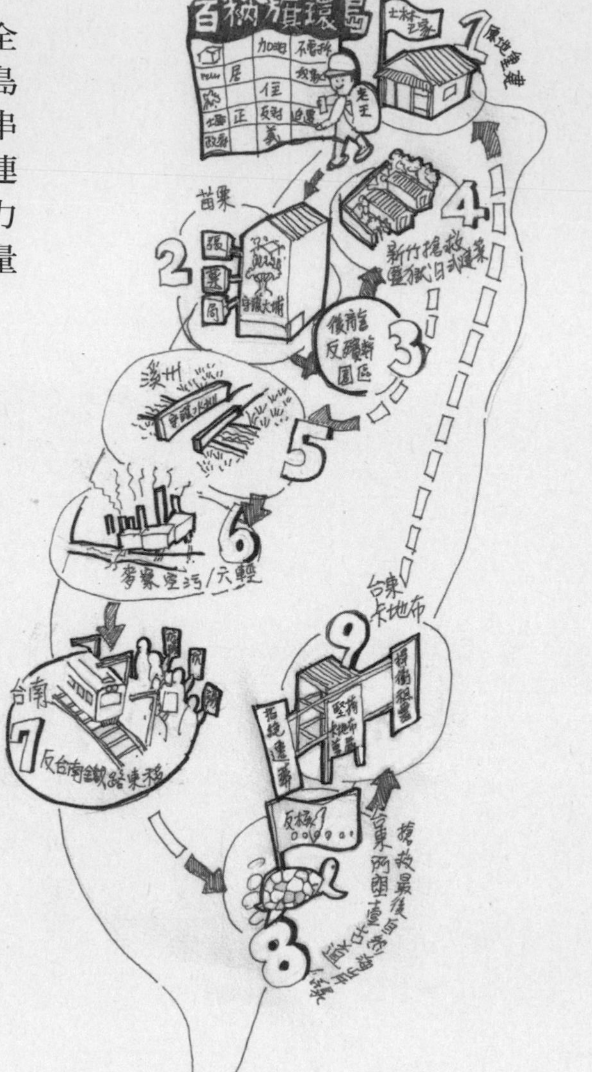

全島串連力量

二〇一二年強拆半年後的九月二十九日，我們發起「回家成為抗爭」，活動前期透過網路號召大眾蒐集拼布，活動當天則將收集起來寫著滿滿鼓勵話語的拼布，縫製成兩幅「居

老王背著行囊出發了。／王廣樹攝

住正義百衲旗」，這是聚集大眾力量一起完成的成果。為了讓全台灣各地因為不同議題而苦戰的人們也可以感受到正面的力量，老王將肩負此重責大任，利用她的年假，獨自披著百衲旗，頭戴著「台北好好拆」工地帽，腳下穿著紅白拖鞋，並且帶著一顆冒險的心，踏上環島之旅，十一月二十五日「秋鬥」當天回到士林。百衲旗匯集了來自全台的祝福與期望，我們帶著到凱道一起秋鬥。

老王是上班族，強拆後到現場看見王家已成瓦礫，他與其他聲援者一起幫忙煮飯，因而與都更盟結緣。老王是富有正義感的女生，利用下班時間成為「王家衛」守家成員之一。

一個瘦小的女生背著巨大的背包，裝著八天分量的衣物、一台電腦、一台相機、簡單的乾糧、鐵杯、鋁罐、酒精、酒精爐等物品，星期六一早從士林王家組合屋出發；王媽目送老王出門，王爸開車送她去台北火車站搭火車南下。

老王環島行程的第一站來到大埔張藥局，張森文大哥與彭秀春兩夫妻熱情招待老王，當天他們有個好消息，最高行政法院已將他們的訴訟案發回台中高等行政法院重新審理了，大家都為此事感

到開心。彭大姐開心地跟百衲旗合影，並把自己特製的「I WANT MY HOME BACK」拼布，一起縫在百衲旗上，期望未來訴訟成功後可以保留房子。

他們的家原本有二十四坪，因為家前面的公義路要拓寬，苗栗縣政府向他們徵收了兩次後，土地與房子僅剩六坪大。二〇〇九年政府第三度找上他們，說是徵收，其實是搶地。他們一樓的藥局店面是賴以維生的地方，卻被政府以不合理的徵收理由準備搶走，他們與部分鄰居因為拒絕第三度徵收，一直面臨威脅與恐嚇，活在不安之中，夫妻倆為了對抗龐大的惡勢力，最後都得了憂鬱症，過了許久才從憂鬱中走出來。後來，只要他們知道哪裡需要聲援，就會前去幫忙。

當時，熱心的張森文大哥還開車帶著老王去拜訪「後龍反殯葬園區自救會」集會所，他們為了反對政府進行沒有必要且違反當地區民意願的開發案，已在當地「埋鍋造飯」抗爭數個月。

離開大埔後，老王繼續南下，尋訪新竹監獄宿舍日式建築群，這些老房子也遇到了公辦都更的拆遷命運，後來因文史工作者與學者的爭取，才暫緩拆除。老王接著到了彰化縣溪州鄉，這裡是工業與農業搶水戰的第一現場，為了滿足中科四期的用水需求，被影響的良田近兩萬公頃，農民發起守護水圳的抗議活動。路過麥寮六輕，老王更實地見識到了石化工業對這片土地的傷害。

到了台南，老王沿著鐵路邊走到「反台南鐵路東移土地徵收」自救會的聚會處，認識了一群自稱「抗爭菜鳥」的長者；他們反抗市政府與財團聯手為了土地開發利益而毀掉他們的家園。她披著「居住正義百衲旗」，帶著王家抗爭的訊息，每到一處，都與當地的抗爭者產生強大的共鳴。

露宿台東阿塱壹古道

老王最後來到東海岸，打算造訪的地方是台東阿塱壹古道。到達大武火車站時，她錯過了搭客運的時間，後來決定徒步到目的地，從下午走到將近天黑，扛著大背包、踩著紅白拖鞋，身體疲憊不堪。這時候，路上有一台貨車停下來問她要去哪裡，一聽說她要去阿塱壹古道，這位好心的司機大哥一路上勸阻她，說天色已黑，那裡太荒涼了千萬不要去，但

大埔張藥局的彭大姐。／老王攝

他完全無法改變老王的決心。司機把她載到台26線的入口處後便離去，老王則繼續往阿塱壹古道前進。達仁鄉南田村一整片海岸，鋪滿像小玉西瓜大小般的石頭，那是「南田石」，還有隨處可見的漂流木。這裡孕育了許多保育類的動植物，因為未被開發，所以非常自然。

台東與屏東交界處的阿塱壹古道，是台灣最後一段還沒被水泥、柏油、消波塊填滿的原始海岸，然而，台26線環島公路計畫正要以「發展、觀光、產業」此類名堂奪去這天然寶藏。而且，這十多年來南田村一直面臨成為低階核廢料貯存候選場址之一的危機。不管是公路計畫或核廢貯存，都引起公民團體的抗議，展開一連串保衛土地與環境正義的抗爭運動。目前，阿塱壹古道的部分路段被劃入旭海觀音鼻自然保留區，實施遊客總量管制。

老王在海岸邊走了一段路，眼看天色越來越暗，趕緊先在附近架起反核旗，再架起居住正義百衲旗，希望這裡的美景不要因核廢料而變調了。老王決定在這裡過夜，體驗大自然的夜景。她沒有帳篷或睡袋，直接在海邊挑一塊較平整的大漂流木，就當起臨時的睡床，再撿來一堆漂流木用酒精爐燃起火苗取暖，還把鐵杯架在火上燒水，幾片乾糧與熱茶就是她的晚餐。聽著海水拍打海岸南田石的韻律，望著遠處燈塔的光源，星月因無光害而更加閃耀動人，老王度過了她的美麗夜晚。我問老王，一個人在野外過夜難道不會害怕嗎？她說：「沒什麼好怕的，因為沒人知道我在這裡啊！」說得也是，其實最可怕的不是大自然，而是人啊！

台東縣達仁鄉南田村是核廢料最終處置場候選地之一，架上反核旗與百衲旗，為環境、土地發聲。／老王攝隔日早上五點多，太平洋海平線漸漸露出日光，刺眼光芒叫醒了老王，張開眼睛看著日出，然後趕緊收拾行李告別這美麗的海岸。走回公路上，遇到一輛載著小朋友的幼稚園娃娃車，他們很樂意讓老王搭便車到火車站，為這趟阿塱壹奇幻古道行畫下句點。

離開台東之前，老王拜訪了「卡地布捍衛祖靈拒絕遷葬」的自救組織。全台灣各個角落的抗爭，都是在守護著某一些對這個群體而言真正重要而且無法被財富、權力、發展所取代的價值，比如台東卑南族守護的卡地布祖墳，正在受到漢人文化霸權及資本主義發展所吞噬。

領受祝福、給予力量

老王在這短短八天的環島之旅，看到台灣許多地方的公民用不同的方式站出來，對抗這強大的政權，深刻的感受難以傳述。

馬茁
下台

事隔一年與她深談，看著她走過的地方，以及所收集的來自各地抗爭的訊息，我不自覺地深陷在情緒的流沙之中，久久無法自拔。我知道，這只是少數我們有緣接觸到的議題，島上還有許許多多人正被迫在不公不義的體制中受苦。王家的抗爭讓我打開了一雙眼，開始懂得關注各項社會運動，如後來的苑里反風車抗爭、松菸護樹運動、「全國關廠工人連線」的抗爭等等。

老王的行動讓我體悟到，我們確實一直在領受著來自全台灣的祝福，而同時我們的行動也正在給予力量，鼓勵著許多此刻在為自身權益抗爭的群體。這即是我們所樂見的，一股真善美力量的循環——大家正為了創造一個更理想的社會而彼此接力。

二〇一二年十一月二十五日參加秋鬥，與其他聲援者一同走上街頭，老王披著陪她度過八天的百衲旗與「台北好好拆」工地帽，把這難忘旅程中所接觸到的不同議題，以及抗爭者的心聲，帶到台北街頭。
／汪生攝

我開始學習壓抑情緒。每天晚上我離開衝突現場回到自己的家時，躺在床上還依舊帶著戒備的情緒，有時家人碰到我，我都會驚嚇而醒來，以為是現場工人要抓我。緊繃的精神狀態正在侵蝕著王家人，以及現場守衛的聲援者。

王爸的肩膀更是默默承受著各種壓力，我常看著王爸，嘗試同理他的心情，再想想當下的台灣社會環境為何會釀成這樣一起悲劇，心中感慨萬千。

二〇一四年農曆年的前一天，法院做出宣判，王家若要保住組合屋，必須拿出一千七百五十六萬元。這個要命的數額，成為我們王家痛不欲生、差點無法跨越的關卡……

圖／黃郁齡提供

第七章：黑夜

第一節：虛偽的協商平台

強拆一年後

我們的家被強拆，市府始終無動於衷；同意戶代表多次向市府抗議後，二〇一三年一月底市府高層輾轉通知，說想跟我們協商。我們希望藉由這個機會讓市府知道我們原地重建的決心從來沒有改變，也想要讓他們知道建商正在用何種方式欺負我們。但是我們也擔心這位高層人士的態度與立場是否偏向建商，他的目的為何？這些不明確的因素讓我們對那一次會面感到很不安。

二月二日晚上我們赴約了，與我們會面的是曾任台北市政府秘書長的楊錫安先生，在場的還有北市府都發局袁如瑩科長、樂揚建設老闆段幼龍與妻子鄒雪娥；王家人在詹順貴律師與都更盟兩位成員的陪同下出席。甫會面，建商大老闆向我們道歉，但這個道歉對我們而言已無誠意可言；將近一年來，我們活在建商的怪手和工人的暴力威脅之下，這位老闆不可能不知道現場的員工對我們做了多麼不合理的事，而今我們又怎麼可能相信這是一句真誠的道歉？

王家長輩相繼發言，說出我們的苦與冤。我們說建商在現場使用多台監視器來窺視王家的組合屋，建商卻說安裝這些監視器是為了確保工地安全。我們拿出現場照片給楊先生看，有四台監視器準確對著組合屋，監視的不是工地內部，而是清楚掌握組合屋內的情況，連誰在後面上廁所都知道得一清二楚。楊先生當下要求建商撤掉針對組合屋的監視器。王爸要求楊先生幫我們恢復水電供應，楊先生笑笑地說，他會盡量幫忙。

王家長輩發完牢騷後，建商說不可能依我們的要求原地重建，因為要變更設計，必須取得全部同意戶的同意，而這是不可能的。我們反問他：「王家很早就跟你們表達我們不同意，你們還不是從沒聽取王家的心聲，最後還把房子拆了？同意戶跟你們簽約，理當你們要更努力去說服他們，把他們的損失降到最低，而不是把你們無法解決的問題丟給王家來承受！」

最後楊先生終於說出他的任務——請王家開出「條件」，讓這事可以結束。但我們只想保留祖產，不想賣掉這塊地、這個家。王爸再次強調我們堅持原地重建，在都更案範圍排除掉我們的家。楊先生聽完後說：這樣的話他「恐怕無法交代」。當天的會議沒有結果，而且我們發現這位市府高官充其量不過是幫建商抬轎的，根本不去討論事件的根本問題，只想用「價錢」來解決。

二月二十二日，市府再次透過某人對我們放話說組合屋撐不到三月二十八日（王家強拆日一週年），造成無形的恐慌。三月十五日同意戶在市府見郝龍斌市長，市長當天承諾會找第三公證人來處理此事；三月十九日，郝市長宣布張金鶚接任台北市副市長，上任的第一個任務就是解決士林文林苑的事，而且郝市長將在兩週內與王家人見面，張金鶚也說他將積極促成兩方協議。

越接近三月二十八日，就出現越多抹黑言論，我們不得不懷疑有心人士在背後刻意操控媒體來影響大眾輿論。有一位雜誌記者分別打電話給王爸、詹順貴律師和都更盟的阿三哥與冠均，以極不友善的方式質疑都更盟與律師架著王家在抗爭，且問及都更盟是否向王家索取資金來支持組織的運作，這些問題的背後或許已設定了某種答案，不過是想要分化一直幫助王家的律師、都更盟和聲援的學生；少了他們，王家就像斷了翅膀的小鳥無法飛行。但我們之間的關係早已不是用金錢所可以衡量的，這些人無私付出時間與精力，只因為選擇正義的立場，力挺王家「原地重建」的訴求，沒想到竟然遭有心人士惡意曲解而大做文章。三月二十八日前一天，這樣的抹黑言論出現在諸如《中國時報》與《聯合報》等媒體，內容如出一轍，我們只能感嘆操控輿論者的雄厚財力。

三月二十六日，應某高官要求，王家人終於與郝市長見面。當天晚上七點，市府大廳已有多名記者守候，市府人員把媒體人員限制在南面，而帶著王家人從北面登上十一樓；

我們被帶進一間大會議室，長桌上的每個位子擺著水果與便當，郝市長先一一確認我們的身分後，表示上一次的會面楊錫安確實代表他。郝市長先聽取我們的說法，我們道出了建商的行徑，表達了我們的冤屈，並且給市長看現場的照片，還提出這起都更案中隱藏的許多問題；他的反應始終只有「我了解」。我們把收集來的書面證據呈給郝市長，希望他了解這整件事的不公不義，他卻說：「如果你們有這麼多有利的證據，為何法院會判你們敗訴？」他還表明，我們應該把所有我們認為的不公義、輿論抹黑等問題攤開在平台上，讓第三公證人評理。這表示，市長不打算實際處理問題，這場會議不過是一場做給媒體看的戲，讓市長佯裝著自己正在積極處理問題。他無視於我們提供的證據與資料，一味說服我們參加市府主辦的協商平台，還強調說「若拖到法院判決後，就不會有這樣的平台了」。現在回想起郝市長當時的話，不就在威脅我們，無論協商平台所得的結論如何，我們都只有接受的份！

最後郝市長要我們王家派代表對媒體發言，直接下指導棋表示哪些可講、哪些不可講。當天與市長的會談表面上很順利，實際上卻暗潮洶湧，市長只想把這個燙手山芋丟到平台上宰割，針對惡意抹黑與建商的所做所為，他一概推得一乾二淨，也不正面回答。這就是郝市長。隔天的報紙標題，如《自由時報》的「文林苑王家願意加入協商平台」，這即是市府想要的「成果」。但市府真的有意願幫王家嗎？我心存懷疑！

拒絕黑箱

四月七日星期天晚上，市府的人聯絡王爸說協商平台的委員名單出來了，請王爸看一下；因為對方很急，王爸沒想太多就答應了。王爸只是很單純地認為：只要自己是對的，無論平台上的人是誰都沒關係。他忽略的是，名單上的那幾位專家學者確實有能力操控我們王家未來的命運，因為他們都是市府的人啊！為了確保協商平台的對等關係，我們要求詹順貴律師陪同我們上平台，幫我們把關。

我們擔心所謂的協商平台只不過是另一起黑箱作業，因此在上平台的前一天（四月十六日）早上十點，我們召開了記者會。

早在三月二十八日的「撤銷拆除處分」之行政訴訟中，法官因尊重並考量市府建立此平台的美意，因此建議王家合意停止訴訟，王家當下同意，但市府在四月九日通知法院，表示不同意本案件停止訴訟，由此看來市府並無心處理文林苑事件，一面向外界大肆宣稱市府秉著公平公正的形象，另一面卻不改要與王家持續打訴訟的決心，實在令人感到不解。王家對市府當時的承諾備感心寒。

王家在記者會上發表〈市府若無真誠協商，王家拒絕上平台〉聲明稿，表示拒絕在虛偽的平台上與市府起舞，希望市府用真誠的方式對待王家人。針對協商平台，我們提出幾項要求，包括要求建商履行承諾，將所有對王家人和學生的多起威脅性訴訟撤告；會議全程公開錄音、錄影、開放旁聽；安排專家委員到現場勘查；最後，確認這個協商平台的功能和所提出的結案報告，必須提供一種以上不同的方案給王家人參考、選擇，而非單一種結論強迫接受。

張金鶚副市長在當天下午一點三十分火速開記者會做出回覆，對於王家所提出的「全程錄音、錄影」要求，他表示「市府沒有意見」，但協商會議開始時他卻反悔了。

協商平台第一次會議

四月十七日晚上七點，王家八人與詹律師一同到市府出席協商平台，走進市府904會議室入座後，張副市長馬上笑笑地要求我們不要錄影，理由是「他們也有錄影做紀錄，我們不用擔心」，但以我們對市府與營建署的交涉經驗，要向公家機關要資料是非常困難的事，常被刁難，甚至最終根本拿不到。再說，前一天張副市長已公開對媒體大方表示不阻止王家在會議上錄影，為何隔天關起門後就反悔？我們感覺到被欺騙。

我趕緊把錄影設備架設好，父親與王爸終於發火，對張副市長抗議說這等同於黑箱作業，這樣的協商平台我們無法接受，表示想要退出平台。副市長說，不允許錄影是因為擔心我們會公開在網路上使用影音資料攻擊他們；後來由詹律師以人格擔保，除非日後上法庭需要，否則我們不會把錄影片段公開或提供媒體使用，才化解這個矛盾。

這也是我一直擔心的問題：這個平台真的可以幫王家爭取基本的權益嗎？還是只淪為市府的台階呢？我們覺得張金鶚副市長與市府內部早已設定好一切，只想在平台上用「專家」來說服王家合建，這場鴻門宴我們膽顫心驚地赴約。

副市長介紹協商平台的五位專家委員——台大城鄉所所長黃麗玲、前都市計畫學會理事長與交大教授馮正民、前台北市不動產估價師公會理事長陳玉霖、律師蔡志揚、建築改革社創社社長陳邁。副市長表示，為符合公平原則，他後續也會跟同意戶和建商進行協商，而這一天的會面主要目的是聽取大家的意見和想法，這些學者會把建議方案整理出來後讓三方看過，達成協議後才會對外公布。

接下來詹律師代表王家發言，再次強調王家一貫的訴求：原地重建。詹律師重提了二〇一二年二月二日營建署的協調會中所提到的，這起都更案存在許多問題，包括消防通道等等事項，希望在座的專家學者實際現勘，以進一步了解。詹律師還說明了王家所提出的一個折衷方案，即把兩塊地併在一起移到邊緣位置，然後從都更建案排除，把房子蓋回還給王家。

張副市長闡述了這個平台的幾個原則後表示：「原地重建這方案我們會仔細評估討論，

這也是選項之一。我們也可能會提出不同方案選項，所以不會只有一個方案。」他也答應會請專家委員前去現勘，希望最終達成這個平台的目標，讓此事圓滿落幕。

接下來，我們說到建商的違法行為以及他們在現場的行徑。郝龍斌市長說過，我們可以在這個協商平台上把所有不公不義的事攤開來說，但張副市長卻推得一乾二淨，說「這些是法律問題所以無法處理，這不是在場的專家可以解決的」。

最後，王爸提出三個疑點，希望專家委員幫忙解決：第一，我們家沒有建築線嗎？第二，樂揚設計的基地裡，動線合理嗎？第三，消防通道問題安全嗎？張副市長表示，他們會以專業的角度研究，結果會寫成報告。

「方案」出爐

四月二十六日我們的釋憲聲請成功了，「釋字709號解釋」指出《都市更新條例》部分違憲，隔天張金鶚副市長馬上開記者會說明此釋憲不適用於王家，還強調市府強拆沒違法。這表示市府根本沒有反省之心，而我們怎麼能相信平台的公信力？

四月二十九日，張金鶚找了專家委員馮正民、蔡志揚和詹律師私下碰面，拿出他們提出的方案讓詹律師代為轉交給王家；簡單的四張A4紙張，在第二頁寫了七個方案：

方案一：維持原計畫，依市府所核定之更新案計畫內容據以實施。
方案二：王家劃出更新單元，原地重建。
方案三：二棟建築設計——將王家土地合併於角地重建，其餘同意戶另設計一棟建築。
方案四：精神補償——紀念文林苑事件公共藝術。不變更更新案，評估適當位置另設公共藝術。
方案五：分配位置協議交換——優先以實施者更新後所分配之位置，供王家選擇交換。
方案六：都市更新公益協商基金——請實施者提供公益基金，創設公益協商平台。
方案七：方案四十五十六。

文件的第三、四張，是建商提供的一樓與五樓平面圖。他們說可以把王家原先被分配在四樓的五戶，交換成一樓三戶與五樓兩戶。張金鶚希望詹律師說服我們接受方案七，也就是接受換位方案；可見市府從來沒考慮過原地重建的方案，雖然此方案列在其中，但與我們的預期有極大落差。我們覺得平台的專家應該提出原地重建的設計變更圖，以降低建商與同意戶最小風險的設計規劃，來達成「大家都可以回家」的局面，而不是以建商現有的規劃來解決問題。

仔細觀察他們所提出的七個方案，不難觀察出以下事實：以不變更設計為主的方案共有五個，另兩個勉強算是王家期望的方案；以不變更設計的五個方案中，「精神補償／公共藝術」與「都市更新公益協商基金」，根本只能當成附帶條件，而非實質方案；第七個方案更扯，就像速食店的套餐一樣，不過是將方案四、五、六併起來就變成了第七個方案。這種濫竽充數且毫無誠意可言的提案，竟然是六位如此優秀的學者專家所研議的結果。我們請律師在五月三日回覆張金鶚副市長，希望他們可以提出變更設計的方案。

徹底對平台失去信心

五月七日，張金鶚副市長邀約我們於五月十日上協商平台，詹律師請市府在我們上平台之前讓我們看修改好的方案，市府方表示同意，答應在五月八日寄給我們。可是，五月九日下午，我們還沒收到市府承諾寄給我們的資料，於是決定不上平台。市府方得知後，趕緊透過秘書在下午六點把資料寄給我們，並且說明之前沒有寄出是因為擔心書面資料容易造成誤解，打算待會面時再向我們做口頭報告。

我們收到修改後的方案時，已是五月九日下午六點，而協商平台的會議就在隔天；我們不可能有足夠的時間消化資料，因此還是決定不上平台。

然而，更荒謬的是，市府方提供的書面資料竟然與四月二十九日版本的架構一模一樣，只是增加了建商提供的彩圖與說明，其中沒有任何變更設計的圖面或相關成本評估。我們徹底對這個所謂的「平台」失去信心。

五月十四日中午，市府方突然指控王家把方案資料外洩到網路上；我們非常憤怒，因為王家人從來沒有洩漏相關資料。我們反問市府外洩資料的網站，市府人員竟然說相關指控是同意戶提出的；市府完全沒有查證，就直接指責王家人。

當天下午我接到平台專家委員之一蔡志揚律師的來電，直接問我為何王家不上平台，他希望王家人跟他和台大城鄉所黃所長私下會面，以了解我們的想法。我們既然已經向副市長清楚表達了想法，私下再跟這兩位專家會面還有什麼意義呢？或許是我們的答覆不符合他們的期待，所以想私下拜訪探出不一樣的「結果」？

為了讓張金鶚副市長真正了解我們的決心，我們在五月二十五日再次與這兩位專家會面，重申原地重建的決心與可行性。會面結束後，北市府當天下午三點多來電，緊急邀請我們上平台。這種種行徑，我們懷疑市府方只是為了在特定時間內完成特定的階段性任務以交差了事，與這兩位專家的私下會面甚至也只是幌子，所以當下王爸並沒有答應出席協商平台。

後來，詹律師建議我們先聽聽那幾位專家的說明，再做判斷，因此五月二十九日晚上我們二度坐上這個無法期待的平台。平台六位專家委員之一的陳邁建築師缺席，而與我們一同出席的是翁國彥律師。

會議一開始的簡報，即針對我們所提出的，有關此項都更案的消防問題，說明街道「絕對符合標準五米二」，卻隻字不提整個街廓的消防通道——消防車要進入這個建案的入口街道，只有三米三，大型消防車根本無法在這條街上迴轉，而建案是十五樓的高層建築，發生火災時難道要讓消防車在文林橋上滅火嗎？這些專家分明在包庇建商與政府。

接著他們開始用法律來說明王家的原地重建方案不可行；其實我們早已請教其他資深建築師，他們都表示依據現行法律，我們確實可以原地重建。問題的糾結點不在法律，而在市府肯不肯讓我們蓋屋。法律掌控在市府手中，人民沒有發言權！

他們用以下幾點來說服王家不能原地重建：（一）王家重建會影響同意戶的權益，同意戶不同意王家重建；（二）王家重建，建商需要變更設計、重跑流程，短則二至四年，長則六、七年，曠日廢時；（三）「重建」不符合他們所謂的社會成本最小化，也不符合社會期待。

他們用了很多看似專業的表格來評估此前的七個方案，但明眼人一看便知，這份表格的內容與評估準則有許多主觀意識，而非客觀分析；如果這真是專家做的表格，那表示他們的專業能力有問題。

他們一直強調同意戶權益很重要，可是這樣就能合理化他們用「多數決」來欺壓王家人嗎？每當我們提起建商的惡劣行為，張金鶚就會勸我們「向前看，不要再提過去的事」。

令我們感到最遺憾的是，他們竟然請陳邁建築師來設計紀念文林苑的公共藝術，而不是重新規劃建案設計；說白了，這是把我們王家的磚瓦當成建商庭院造景的戶外鋪面地材！

馮正民與張金鶚說他們費了很多心思幫我們向建商爭取最好的戶換樓層位置，但這都不是我們所期待的結果，我們只想要劃出這個都更案範圍，保住祖產原地重建，這麼清楚不過的答案他們卻怎麼都聽不進去。此外，他們還說王家沒建築線，所以不能原地重建，王爸生氣反駁，我當場拿出泛黃的藍曬圖，那是民國六十二年陽明山管理局核發執照的竣工圖，圖中明顯標示王家的十四號地有建築線。張金鶚有些錯愕，請來建管高文婷總工程師，她當下證實我們的土地有建築線，但又補充說：「這是民國六十二年陽管處所發的執照，這是竣工圖，照圖上來看當時確實有建築線，但是因為民國七十八年把北淡線的沿線變成交通用地時，都市計畫變更，所以沿線有建築線的都不存在了……」若她的說法屬實，這沿線的房子不都變成違章建築了嗎？

關於建築線一事，翁國彥律師做了詳細完整的說明。王家的土地，是因為樂揚建設要求市政府拆除了原建築，土地才會變成沒有建築線，可是市府卻回過頭說土地沒有建築線，所以原地重建不可能。如果這樣的手段行得通，以後所有建商都可以先拆除不參與都更的房子，然後再表明土地沒有建築線，因此重建違法。

法條的詮釋權掌握在市府手中，若核准王家原地重建，就等同於承認自己犯錯，所以才

會如此百般刁難王家。倘若市府為此事道歉，協助建商加速變更設計後的流程，就可以讓王家原地重建，同意戶也能盡早回到他們想要的新房子，減少建商的損失，爭議也就可以圓滿落幕。但是，市府方一心只想逼王家合建，以掩蓋這種種缺失。

協商平台破局

第二次平台會議結束之後，我們仍然期待專家可以提出更合理的建議。六月三日市府方詢問我們六月五日上平台，我們的答覆是：請他們提供修改方案再說。六月六日張金鶚跟詹律師私下會面，對律師透露說王家其實早就跟建商談好價錢，建商只差沒開票給王家，要律師再勸我們合建。這樣的抹黑由始至終一直存在，難怪平台上的專家根本不考慮原地重建的方案。我們真的不懂，為何市府只聽建商的片面之詞，卻不願相信王家的聲音！我們再次拒絕上平台之後，市府自行在六月二十日早上召開記者會，宣布協商平台破局，提出他們的報告書，並且說明王家原地重建不可行。《自由時報》當日的報導：「張金鶚呼籲法院可開始重啟司法程序，若士林地方法院拆屋還地判決確定，台北市建管處又審核完畢樂揚施工計畫，文林苑即可開工。」

隔天我們也召開記者會，以下是當時的聲明稿：

戳破協商平台的假象

文林苑都更案遭強拆的士林王家已滿一週年，近來郝市長為了挽救負面的政治形象，請具備多項空間專業背景的張金鶚教授，出任副市長。我們對於張副市長上任後，旋即召開協商平台企圖解決文林苑個案問題表達敬意。但此後發展卻陸續令人失望。

首先，張副市長並未對現行都市更新的違憲問題與制度缺陷做任何具體改革，也沒有打算讓文林苑案從一樁多輸悲劇轉換為典範。張副市長顯然未認知到：說穿了，文林苑都更爭議根本不是價碼談不攏，或者建築法規的問題，而是一個城市如何發展、政府拿出什麼態度，面對一套惡法與圖利政策，怎麼讓「多贏發展」淪為「單向強逼掠奪」的問題。

王家同意上平台的初衷，就是期待台北市政府能夠超脫原本協調會的框架，不要讓北市府變成以為「萬事都能靠錢擺平」的土霸財主專屬行政工具。回歸環境品質、尊重人民居住自主的思維，協調出使未簽約的王家能夠退出都更的重建方案，並且盡量協助參與都更的已簽約戶們，以專案方式加速行政流程，讓簽約戶與王家都可以盡快回家，藉這樣的協調範例，展現出各方各退一步、相互尊重與進步的精神。

但是，在後續參與過程中，我們發現：協商平台預設的「惡法亦法」前提與欠缺充分溝通的流程，恐怕就算產出方案也只是徒然。

第一次協商平台上，專家委員們聽取各方意見，並據以研擬各種方案的可能性。張副市長提出「合法」、「公平合理」及「社會成本最小化」三項原則，聽來合理，但這遊戲規則大有問題。因為（一）三大原則無形中刻意忽略文林苑都更案違憲審議的前提、蠻橫強拆的行政疏失；並且，（二）假定「王家絕對要參與都更」的前提下，誘導協商平台的專家學者們，不得跳脫都更惡法框架提出方案。

我們知道，坊間有各式各樣關於「王家已經簽了」、「王家只是要錢」的各種耳語，這些流言好像都有憑有據，一次次透過電視新聞、平面媒體還有議員質詢，不斷在台灣各個角落放送。對於這種天羅地網般的指控，我們真的辯駁得很累了。如果一切只為了錢，請各位仔細想想：真要「抬槓談錢」，最好的時機早已過去。強拆之後，各種想辦法把我們家擺平的勢力、方案，早就在強拆一年多的過程中，陸續向我們家成員們招過手。

如果我們王家人說穿了只是為了貪圖更多錢，何苦在強拆後繼續忍受冷嘲熱諷、官司纏身、千夫所指的污名與惡劣詛咒？何苦在眾人不理解的情況下，自己花錢蓋組合屋？忍受寄人籬下的生活？還繼續花錢打釋憲？

我們認為，是否能提出解決的技術方案關鍵就在市府的立場，而我們對於這些專家學者的專業素養仍然有所期待。但截至目前為止，這平台所提的方案，卻只是找盡各種理由說服王家放棄原地重建、參與合建分配，甚至不斷影射王家兩戶都只是在意分配多寡的問題。

諷刺的是，我們也在這些方案中，再次確認了：少了王家，文林苑的確也蓋得起來；多了王家，也只不過是幫眾住戶賺得更多容積獎勵。原地重建在技術上可行，這一切再度證明市政府的立場有問題。我們再次誠懇呼籲協商平台各位委員們，重新思考都市更新的公共利益在哪裡？請別以「把一個合建案蓋起來」的規格，讓王家、其他原住戶、甚至周邊地區的鄰居們，平白為了一個建案犧牲。

我們會繼續與市府對抗下去！

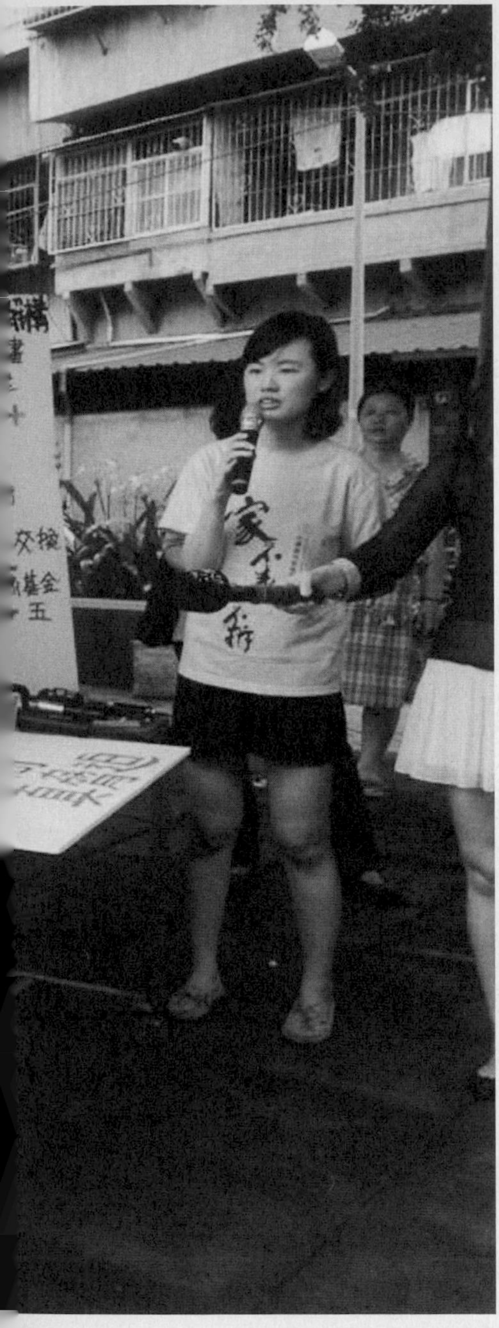

記者會現場，王爸與嬸婆一起撕掉千元大鈔，再次重申「家不賣」的決心。／黃郁齡提供

第二節：沉重的訴訟負擔

王爸的背影

自二〇一二年三月二十八日強拆後，樂揚建設與相關企業舜韋營造日夜派工人騷擾與製造衝突，並多次提告王家人與聲援者，訴訟案高達二十多起，這與他們建案所包裝的溫情與清新風格且強調環境與社會責任，大相逕庭；實際上，他們連八十多歲的婚婆也提告。後來法院把相關訴訟案合併處理，建商無非想要用這樣龐大的訴訟案給王家施加壓力，這就是「策略訴訟」，通常都是財團用來欺壓弱勢最有效且合法的手段。

我們要感謝一路相挺的律師們——元貞的詹順貴律師、翁國彥律師、林昶燁律師、顏榕律師、李明芝律師、黃昱中律師、海禾通商法律事務所的賴衍輔律師、童兆祥律師、台灣蠻野心足生態協會的陸詩薇律師、陳瀅竹律師。他們付出心力、支持我們對抗財團和政府聯手的龐大結構，從人權和「兩公約」（即《經濟、社會、文化權利國際公約》與《公民與政治權利國際公約》）的角度出發向法院請命，可惜完全不被重視，有的法官甚至根本不熟知兩公約。無視人權的司法，難怪會做出不尊重人民居住權的判決。

二〇一三年十一月四日，是「無權占有」民事訴訟案開庭的前一天。建商告王家十四號地地主（王爸與堂弟）無權占有，認為王家的地就是他們的工地，所以要我們把地還給建商。我們不禁要問法官：到底是我們「所有權」大，還是建商的「占有權」大？

士林王家的主人是叔叔王廣樹，自從我們王家被拆後，雖然家沒了，但我卻多了很多兄弟姊妹，來聲援的學生都稱叔叔為王爸，稱嬸嬸為王媽。二〇一三年最酷熱的夏天裡，我們每日要對抗建商走路工的挑釁行為，有時還需要用肉身擋怪手；王家人和聲援者每天和工人一同「上下班」，我幾乎每天一早就到組合屋報到，早上八點到下午五點是「抗戰時間」，中場午休則是「休戰時間」。我們的戰友是一群來自四方的聲援學生與社會人士，他們除了用身體守衛王家，當我們情緒快潰堤時，還不時安慰我們，幫我們抒解壓力，還提醒王家人一定要和平理性，不能以暴制暴。

我開始學習壓抑情緒，遇到被人欺負時，要學會理性面對。這極不容易，但為了保護現場的王家長輩，我只能不斷自我訓練。每天晚上我離開衝突現場回到自己的家時，躺在床上還依舊帶著戒備的情緒，有時家人碰到我，我都會驚嚇而醒來，以為是現場工人要抓我。緊繃的精神狀態正在侵蝕著王家人，以及現場守衛的聲援者。

王爸的壓力遠大於我，他為了維持生活支出，必須繼續上班工作，往往無法到現場處理突發情況，只能在公司裡擔心；他憂慮的不只是現場的我們，還承擔著許多件勝算不大的訴訟案。有一次下班後我們一起去律師事務所開會，我遠遠看著一個穿著襯衫、背著超大後背包的男子，他就是王爸。我問王爸，為什麼要帶著這麼大的背包上班？他苦笑說：這些都是我們王家抗爭的重要資料，隨時都要看，而且背在身上比較安心。二十多公斤重的背包沉甸甸的，我根本提不動。當下我好心疼，原來個性開朗的王爸每天都過得戰戰兢兢。

結束與律師的會議後，我看著王爸離去的背影，直挺挺的背，載負著他的重任——他的肩膀扛起的是爺爺守住老家祖產的心意，是養家的責任，是小蝦米對抗大鯨魚的承擔，也是捍衛居住正義的決心。

當時大埔張藥局的張大哥去世，震驚了我們，感慨失去了一位一起努力的戰友。王爸、父親、十八號地的嬸婆，以及都更盟的朋友，頂著颱風天到大埔為張大哥上香。送走張大哥後，我們赫然聽到建商刻意放話說「無權占有」案王家若輸了，建商要向王爸索取千萬的損失費。王爸的家被市府「代拆」了，拆後建商向王家索取拆遷

費，後續又派工人多次強行用鐵皮強占王家土地，再多次告王家人毀損他們的鐵皮。最可惡的是，法院竟判王家人有罪；建商用大量訴訟案提告王家人與學生，現在又放話要王爸賠建商千萬，這實在是太惡劣了！

建商公開表態說會好好跟王家協商，但私下卻利用濫訴、製造現場衝突、索取巨額賠款等等行徑所帶來的精神壓力，試圖讓王家人屈服。死硬派的王爸始終無動於衷，不被這種惡勢力打敗；然而，王爸的肩膀卻因此默默承受著沉重壓力——高額巨款的壓力、親人因為守家被建商提告而留下司法污點的壓力，以及各種人情壓力。看著王爸，嘗試同理他的心情，再想想當下的台灣社會環境為何會釀成這樣的悲劇，心中感慨萬千。

「你看！我有摸著良心啊！」

二〇一三年十二月十二日，我們開了「王家告市府毀損建物案」記者會。

這是沉痛且忙碌的一天，心裡雖然已有最壞的打算，但聽到判決的那一剎那，還實在無法相信這是真的。為了等待這天的判決，我們早已忐忑不安好幾天，寫下憤怒且無奈的聲明稿，心情非常激動。記者會中聽到律師與黃瑞茂老師的發言，心裡已在淌血，等到王爸發言時，他每字每句都是憤怒和不滿情緒；他提到建商的律師在法庭上胡言亂語，說王家

王爸二十多公斤的沉重背包。／王瑞霙繪

民國五十幾年才搬到這士林的家，一直誘導法官相信王家的土地非祖產，還說我們的房子破爛到非參與都更不可……

我們拿出嬸婆當年嫁到王家時的結婚照，剛滿週歲的父親也在照片中，還有一位裹著小腳的老奶奶，那是我父親的曾祖母。照片中的人除了嬸婆與我爸，其他人都已離開人世。看著珠珠帶著老照片出現在記者會中，我強忍淚水，站在身旁的父親不時轉身擦眼睛，我想不管多麼堅強，在此時此刻也會有傷痛，憤怒之中還生起愧對祖先的慚愧心，讓人難以承受。

王爸更是如此，他憤怒地說我們的房子幾年前才花了百萬元重新拉皮整修，嬸婆的房子十六年前也重新整理過，建商的律師憑什麼說我們的家已破爛到必須打掉重蓋？一個家經歷過清朝和日治時期，都完整地保留了下來，為什麼到了「民國」就變了樣？這不是土匪政府，那什麼才是土匪？當時我寫下：

> 今天若市府強拆沒錯，為何政府要大修都更法條？若郝市長真的依法行政沒錯，那為何要在拆後痛哭說這是他沉痛的決定？難道這一切都是王家的錯嗎？難道我們王家不能決定保留自己的土地、自己的家園？王家絕對、絕對不服此判決，我們會上訴到底！
>
> 倘若政府不重視迫遷問題，包庇建商，過度濫發容積獎勵給建商，我的朋友，請你相信，王家今天發生的事，一定會發生在你家人身上！

跟我們一樣遭受都更迫遷、土地徵收迫遷的朋友，大家加油！我們要撐下去！為了後代子孫、為了居住正義、為了民主國家應有的基本人權，我們要戰鬥下去。這是一場無終期的城市戰爭！

二〇一四年一月七日下午七點多，我接到《蘋果日報》記者的電話，他告知我「彰化縣北斗鎮民眾阻擋台電工程車施工涉強制罪案判無罪」，這與士林王家前年十幾位聲援者被建商提告的情況類似，想問我的看法。當下我對這起判決感到有點驚訝，因為我們王家在屢屢挫敗的訴訟過程中，早已對司法不抱有任何冀望；在我的印象中，人權、「兩公約」，以及「釋字第709號解釋」根本未曾得到重視，更別提「居住權」了。

我為這些聲援者感到高興，因為敢去現場聲援的人，一定早已做好被提告的心理準備，而這個判決給予了聲援者的行動極大的肯定。用策略性訴訟來擊退聲援者的案例非常常見，例如我們士林王家、苑裡反風車抗爭等等，財大氣粗的建商財團往往運用這種方式來對付我們這些資源相對不足的民眾，讓大家身上背負著訴訟案件，被逼進出法庭，因而消耗抗爭者的毅力。

在王家的各項訴訟案件中，看不到一點希望與人性，只看見一群玩弄法律的專家，正運用法律漏洞一點一滴地吞噬我們，還用違背道德的歪理掩飾他們覬覦我們土地的野心，再大肆昭告天下說王家敗訴了，說一定要與建商合建才是「正確的選擇」、才「符合社會大眾的期望」。

二〇一四年一月六日，建商告王家「無權占有」案的言詞辯論庭中，對方律師說了句經典名言：「王家的土地所有權不是最大的！」在他們眼裡王家土地所有權已在建商手中了，他舉例說大廈公寓的產權可以用多數決來決定。可是，王家是獨立產權，為何可以用多數決來決定？假如他的說法成立，那建商便可大肆用這個方法來強搶民宅，這樣的多數暴力，難道就符合公共利益嗎？當庭王爸激動地對著建商律師說：「請你要摸著良心做事，不要幫建商搶奪民宅啊！」律師說：「你看！我有摸著良心啊！」

有錢判生，沒錢判死

二〇一四年一月二十九日是無權占有案的宣判日。法官在農曆年除夕的前一天下午四點公布判決結果，還在這機車的日子，要我們如何應對？王家人不會去法院聽宣判，都更盟的朋友與律師代替我們出席；到當時為止，訴訟案都以敗訴告終，我們不想在過年前的日子再次承受打擊。

二十九日下午 Ivy 在法院傳來訊息：「宣判王家敗訴，要王家拆組合屋，返還土地給建商，上訴擔保金一千七百五十六萬元」。這就是法院的高額金錢遊戲，只要建商能提出一千七百五十六萬元的擔保金（依據土地公告現值計算），就可以聲請法院假執行來強拆王家十四號地的組合屋；相對的，王家要提出同樣數額的金錢到法院，才可保住組合屋與土地。這就是「有錢判生，沒錢判死」！我們正煩惱著要如何在短短二十天籌一千多萬元，而財力雄厚的建商根本就沒把這金額放在眼裡。

我絕望地望著電腦螢幕，決定先通知父親與王爸，但一時聯絡不上王爸。接著記者來電，我說「我們一定會上訴到底！至於那一千多萬的事，目前還無法回答，需與長輩開會討論後才能有結論……」說著我開始哽咽，電話那頭的記者趕緊安慰我，最後尷尬地祝福我們「新年快樂」。

當時我已有孕在身，老公看著我流眼淚，對我說：「我知道你現在很難過，但要顧慮到肚子裡寶寶的健康，不要過度激動喔！」我擦乾眼淚繼續接了幾通記者的電話，當時我唯一可以做的事，就是幫長輩回答記者的問題；一直到晚上，我沒有勇氣再打電話給王爸，心裡想著王爸應該已經從電視新聞得知這消息，等過年後再跟他說吧。這期間，我與小虹、阿三哥和幾位學者繼續討論，尋找任何的解套方式。

當天晚上，都更盟與王家發布針對此項判決的聲明稿，希望可以讓大眾了解這訴訟的可怕效應。聲明稿節錄如下：

開發主義挾司法橫行，無權勢人民可有抵抗權利？

——2014.1.29 士林王家暨台灣都市更新受害者聯盟聲明稿

司法維護的，是誰的公平？誰的秩序？

文林苑案強拆後兩年，士林王家二度遭遇強拆危機。樂揚建設對士林王家提告無權占有，本（二十九）日士林地院法官邱光吾宣判：樂揚建設提存1,756萬餘元（NT17,565,240），即可申請法院拆除組合屋。雖然被告王家二十日內可提上訴，但若要抵擋樂揚建設二度強拆，需提存1,756萬餘元的反擔保金。

二〇一二年，樂揚建設向台北地院提存204萬元，申請台北市政府執行都更條例36條代拆王家。如今樂揚建設提告王家無權占有，法院竟要求王家提出1,756萬元同等金額，才能暫時保住自己的家、繼續救濟程序。對一般平民家庭而言，要抵抗建商利用法院強拆，這種天價擔保金，毋寧是凸顯法律訴訟就是有錢有勢者的工具，無權勢者任其宰割。

有許多價值，不是「權利變換」轉成金錢，就能兌換得了的。特別是，盜賣人家土地，強拆抵抗者的家、若再不從就告抵抗者全家。這種手段，縱使看似一切程序合法，但一旦此惡例一開，所有無需拆除就能改善環境的住戶，如果要抵抗蠻橫濫行的開發主義，都只能任其宰割。士林王家組合屋，是王家兩戶經歷強拆傷痛後，重新奪回自己家園土地，與眾多聲援者、市民團體一同抵擋眾多不義都更案的小堡壘，兩年來，王家犧牲自身安寧舒適的生活，抵擋建商濫訟攻擊，換得都更制度的討論空間與改革契機。

二〇一三年五月，釋字 709 號解釋指出都市更新條例第 10、19 條部分違憲，需於一年內檢討。士林王家作為一部跛腳法律下的受害者，在違憲條文尚未檢討完成的一年內，士林王家相關行政訴訟、民事訴訟卻絲毫不受釋憲結果影響，陸續敗訴。

本案委任律師黃昱中律師表示，目前尚未收到判決書，依今日法官宣讀判決理由，邱法官以民法第 184 第 2 項與第 962 條為由，指出王家用組合屋占有土地，屬於違反保護他人的法律，因此原告主張無權占有是有理由的。同時，本案委任律師詹順貴對判決結果表達強烈遺憾，詹律師認為，目前為止，士林地政事務所的土地及物登記謄本，都還登記著王家人為所有權人。為什麼所有權人會無權占有自己的土地？問題是：既然樂揚與王家之間未曾發生過點交動作，至今所有權也一樣是王家的。樂揚建設究竟何時曾占有？由此可見，我們認為此法官光是事實認定上就有疑義，判決理由牽強，極有可議之處。這樣的判決讓我們見證了此案判決的邏輯荒謬。同時，詹律師亦表示將上訴到底，並將於年後申請補充釋憲。

都更面前：人民無權占有自己土地？今天拆王家，明天拆你家

王家與樂揚建設並無買賣契約，單依事實而論，產權自始至終仍歸屬王家，如今，本案判例說明了：只要經由都市更新名義包裝的私人建案，遇到不從者，一來可以申請市政府代拆、二來民事法院也能幫忙拆。

城市戰爭：向行政司法一把罩的開發主義宣戰！

換句話說，在開發主義之下，我們的城市規劃，是由建商來規劃與銷售。都市更新毫無退場機制、市府強拆、法院強拆，三道步驟，完滿了都市企業主義橫行！我們的城市，從不真的屬於人民。而是任憑市府輔助開發商規劃、變賣牟利的！

在開發主義之下，行政與司法，協助私人開發利益強勢鏟平的，不只是磚塊水泥，而是人民居住權與抵抗開發主義的基本權利！

我們再次強調：不服從本案司法判決對王家的加重迫害！除了上訴到底，我們將對這天文數字的提存擔保金額，提出因應的支援前線行動。

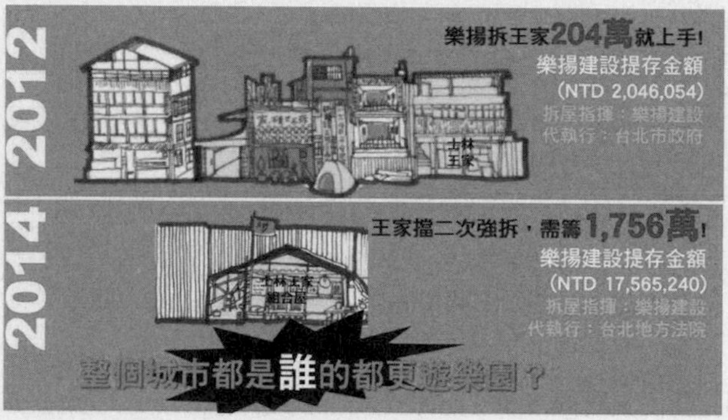
2012
樂揚拆王家204萬就上手！
樂揚建設提存金額
(NTD 2,046,054)
拆屋指揮：樂揚建設
代執行：台北市政府
士林王家
2014
王家擋二次強拆，需籌1,756萬！
樂揚建設提存金額
(NTD 17,565,240)
拆屋指揮：樂揚建設
代執行：台北地方法院
整個城市都是誰的都更遊樂園？

1.

1. 一張圖表，盡顯台灣「都市更新」這個遊戲的荒謬。
2. 王家人不服從「無權占有」案的司法判決。／張榮隆提供
3. 這是嬸婆結婚時在老家拍的照片，這個家承載著家族幾代人的記憶。／老K攝

2.

3

第三節：一千七百萬元的反擔保金

決定再拼一次

我們一般小市民，要存幾年才有一千七百五十六萬？若月薪四萬元，必須不吃不喝三十六年才能有這一筆錢！這個要命的數額，成為我們王家痛不欲生、差點無法跨越的關卡。

樂揚建設告我們「無權占有」的民事訴訟案中，在二〇一四年農曆年前一天法院判王家敗訴，雖可再上訴，但法官要我們自行拆掉組合屋，把王家土地「還」給建商。建商只要提存一千七百五十六萬到法院聲請假執行，就可強拆組合屋；王家若要保住組合屋，必須在收到「強制拆除通知」之前提出相等金額作為反擔保，抵抗建商二度強拆。

年假期間大家都不敢打擾王爸，因為我們都知道他比誰都難過。熬過了年假，我們與律師開會商討這件訴訟案該如何走下去。聽著律師說明此判決的詳細內容，王爸默默不語，一下眼神放空，一下焦慮地搓揉脫下的帽子，看似平靜實則內心非常糾結。光是上訴費就花去了二十幾萬，這筆錢王家還付得起，但是眼前要如何湊這千萬巨款？大家都為此傷透腦筋。

王爸無奈地問詹律師：「為何法官會有這種判決？這是我的地、我的家，權狀上還寫著我的名字，為何會判我敗訴？哪有這種道理？法律的天秤為何會偏向建商與市府？這樣歪掉的天秤要我們如何再相信法律是公平正義的？」的確如此，司法正在以我們付不起的巨款來逼迫弱勢者妥協。我永遠無法忘記當時詹律師說的一句話：「其實手持天秤的正義女神的臉，確實偏向一方。女神偏向弱勢那一方。」正義仍然值得期待，然而現實社會中的法律遊戲卻最終演變成有權有勢者操控世界的工具。

父親說他在過年間接到王媽訴苦的電話，父親只能安慰王媽。這錢就算王家抵押房子或向朋友親戚籌借，也弄不出千萬，說著說著父親的眼眶已泛紅，聲音開始哽咽。王爸說：「我到底做錯了什麼？我很不甘心這樣放棄！自己的祖產就這樣被人搶走，太過分了！」王家兩兄弟為此事無法好好入睡，為了保住這個家園長期不斷被人言語攻擊、被人抹黑，這些壓力我們都挺過去了；家已失去，我們剩下的只有一條命，還可以用老命來抵抗這惡勢力。可是，談到錢，真的就無解了嗎？

有人提出接受捐款，王爸擔心我們王家已欠下太多人情了，實在不能再接受大眾的捐款；然而，王爸認為，如果能在二十天內借到這筆錢，王家願意再跟建商拼下去。為了給王爸支持的力量，我們決定做最後的努力——開始籌備向社會借款的活動；詹律師願意當我們借款的擔保人，有了律師的加持，希望可以讓我們完成這不可能的任務。

籌備借款需要很多人力來處理，因此我們參考了「日日春關懷互助協會」當初在一個星期內募款三百萬元的經驗；都更盟的朋友與學生在短短兩天內密集開會討論許多借款細節，有人負責借款文宣、擬出借款辦法，有人負責處理記者會的採訪通知、聲明稿、聯絡參與的學者與團體。這些朋友犧牲了自己的時間，在極短的期限內把所有工作處理完成，二月八日順利召開記者會。

記者會當天，大家提早到組合屋，小魚在現場分配工作，兩戶的姑姑們與其他聲援者正在處理現場的準備工作。我們把桌子放置在屋前，立起都更盟旗子，攤開了「居住正義百衲旗」。

忙碌的過程中，一直無法好好接待從大埔北上的彭秀春大姐等人；他們一大早坐車北上聲援王家，抵達後靜靜站在屋前的黃色大球前，後來彭大姐走向組合屋前與嬸婆和我打招呼，拿出自製的薑糖送給我們，我們都知道這幾瓶薑糖是她花去許多時間與勞力的成果。

自從前一年我們在大埔強拆前夕與她見面，此時已過了七個多月，這期間我們彼此鼓勵、相互支持，一起經歷過他們家被強拆的過程，這是我們最不願意看見的結果。而今王家二度面臨強拆危機，他們也義不容辭北上相挺。感謝她帶來的薑糖，在寒冷危急的時刻溫暖我們的心。

記者會來了很多聲援者，包括詹順貴律師、黃瑞茂教授、廖本全教授、林暉鈞教授、蕭文傑老師、台灣人權促進會執委邱文聰、日日春關懷互助協會執行長鍾君竺、大埔的彭秀春大姐與柯成福大哥等人，還有許多社區自救會和團體，一起站出來為此借款活動發聲，希望可以號召更多人來幫我們擋住二次強拆。詹律師幫我們的借款帳號背書，有律師當第三公證人，可以讓借款人更加安心。

記者會結束之後我與許多朋友聊天，大老鷹姐姐不時提醒我注意身體，不要傷到肚裡的寶寶，還有第一次遇見在臉書上不時為我打氣的佩均姐；之後我與秀春姐和廖本全老師聊到他們正在面對的訴訟案，當場相互打氣。廖老師不斷安慰說，我們兩家人的案子對社會有很大的貢獻，我們兩個人忍不住都紅了眼眶。強拆的傷害對我們受害者而言是揮之不去的陰霾，現在我們為了守住這十坪大的組合屋，再次活在倒數計時的恐懼裡。

記者會當天晚上，有一位聲援者致電都更盟，說他想把自己的四百萬定存解開後借給我們，還有另一位說要把自己房子拿去抵押貸款借給我們，這些從未謀面的熱心人讓我們深受感動，但是我們請都更盟回拒了他們，因為，若要賭上別人的家產來保住我們的家園，我們無法承受。

向社會借款擋二次強拆

記者會之後的幾週，我們緊鑼密鼓策劃了許多可以增加曝光的宣傳活動，並且與其他NGO團體開會商討籌款事宜，許多學者如廖本全老師、蕭文傑老師、徐世榮老師、林暉鈞老師等人都動用了他們的人脈，幫我們籌錢。大家都知道，此時此刻「時間就是金錢」。為了幫我們籌款，廖本全老師當天晚上設法聯絡一家登記在案的社會責任企業家，隔天他們就主動回應，廖老師、詹律師與企業家討論借款事宜之後，通知我與阿三哥這個好消息。對方願意幫我們補差額，但這訊息先不要曝光，因為擔心建商會有對策行動。這個好消息就像是一顆定心丸，讓我再次感受到世間的溫暖。回家的路上悲觀的父親覺得籌款的成功率微乎其微，他根本不相信會有人「無緣無故」借我們巨款。我忍不住跟父親打賭，我說，要懷抱希望才有機會度過難關。

我們每天盯著都更盟的臉書發布的借款金額進度與捐款人明細，看到熟悉的人在名單內，我都會與他們聯繫表達謝意。父親也密切關注籌款的進度。另一方面柯一正導演公開幫我們號召了三十多位導演，一人一萬助王家擋強拆。

二月十四日，透過柯導演的安排，「不要核四、五六運動」邀請我們當天晚上在自由廣場發言。那天天氣非常冷，都更盟的朋友在現場擺攤幫我們籌借款，現場的柯導演與小野上台說明這項借款行動的重要性，希望集結大家的力量，幫助王家度過難關，當下民眾反應熱烈。

二月十日，我們的借款有二十九萬。二月十一日，八十二萬；二月十二日，一百零九萬；二月十三日，一百五十萬；二月十五日，二百二十八萬。前五天，我們才達成目標的百分之十三；二月十八日，款項暴增至八百二十萬，因為有人一口氣借我們五百萬，這筆錢讓我們離目標越來越近。兩天後的二月二十日，我們又收到另一個人借出九百五十萬，瞬間達成了目標。這些低調的借款人只用無名氏來借款，其中一位是我們事先知情的企業家，另一位是意外的善心人士；收到巨款時，都更盟的朋友還擔心是對方不小心寫錯金額，再三確認。

二月二十一日晚上，都更盟聯絡王爸二度到自由廣場發言，王爸與父親兩人還在為籌錢的事苦惱不已，當時聯盟確定已籌到錢，為了給王家人驚喜，現場所有人瞞著兩位王家長輩。王爸、父親、詹律師和都更盟的朋友站上木箱舞台時，慧瑜突然宣布：「今天我們向社會大眾借款，任務已達成了！我們要感謝大家的幫忙！」兩位王家人愣住了，尤其是王爸，一時還會意不過來到底發生了什麼事！站在舞台上後排的Ivy、阿三哥、小魚、悅瑄、淑蘭姐則早就笑開了，大家非常激動，眼眶泛紅的王爸說，他終於可以放下心頭大石！一旁的父親更是非常開心，覺得不可思議，這件事讓父親開始相信正義力量的存在。

小虹在台上說：「從二月八日我們發布這行動以來，有很多身在都更案的住戶與一般民眾給了很多支持，在這裡面我們發現很多心酸的故事。有人曾經看著自己爺爺家因為敵不過擔保金，被迫合建，而他現在有能力了，想把他的四百多萬定存提前解約來支援這行動，我們希望他考慮清楚再做決定。也有一位，媽媽過世前留下遺產，他的孩子想用這筆遺產幫王家過這一關。大家手頭並不是很寬裕，但都願意幫王家人擋這場戰役，讓我們非常感動。但兩筆款項我們都婉拒了。前幾天出現了五百萬的大額借款，我們收到單子時都嚇了一跳，以為對方多寫了一個零，之後與對方確認，才敢列在清單上。今天我們在『不要核四、五六運動』中，很高興可以跟大家分享這個好消息。但這場戰役並沒有結束，士林王家這兩戶小蝦米要如何對抗建商與司法？我們在這星期天，二月二十三日在台北車站串連更多不同面向的社會議題，例如遊民議題、華光社區、苑裡反風車等等，串連成『居住權馬拉松』，希望有更多朋友可以一起來參與！」現場的朋友用熱烈的掌聲與歡呼聲為王家與都更盟打氣。

其實大家都不敢相信這筆錢真的能湊齊，雖然我早知道有人願意幫我們，但當我接到父親在現場打來的電話，笑到合不攏嘴，還是忍不住大聲尖叫起來，說「我終於可以安心去生產了」，貼心的慧瑜一直提醒我要冷靜，他們都很擔心我太激動會影響肚子裡的寶寶。我馬上在臉書上告知關心我們的朋友。林暉鈞老師還說，他早就想好要如何幫我們用肉身擋強拆了！接下來就要靠詹律師幫我們繼續上訴到底了。

這次借款活動，讓我們感受到社會的人情與溫暖，把我們從絕望深淵中救了出來。團結力量大，每個人的借款，不管金額大小，背後的心意都已讓我們王家人上了寶貴的一課，讓我們看見了公民的力量！除此之

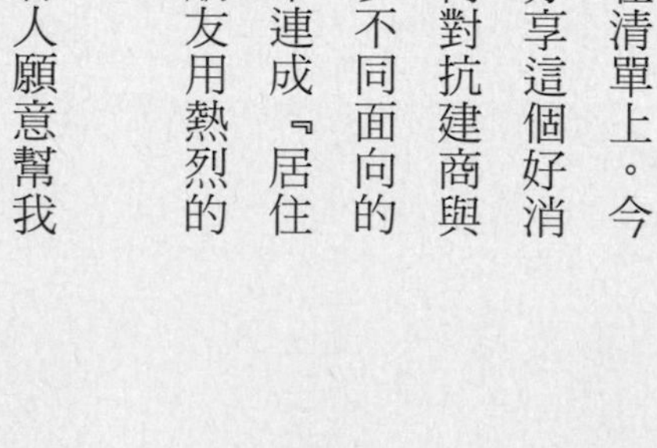

1.

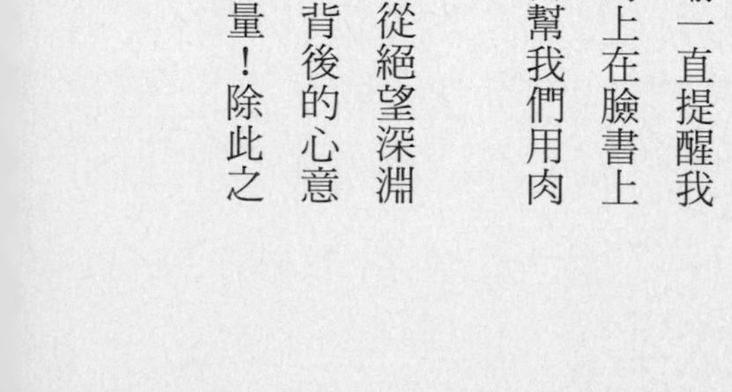

2.

外，我們更要再一次感謝一路相挺的詹律師團隊、廖本全老師、台灣都市更新受害者聯盟的朋友（阿三哥、小虹、慧瑜、Ivy、小魚、哲韡、悅瑄、至誠、鹹魚等等），還有聲援的學生與朋友如八六、許恩恩、駱駝、鯨魚、永勝大哥、玉紅姐、老K、淑蘭姐、素華姐、戴立忍導演、柯一正導演等人。他們在短短兩個星期內籌劃了許多活動，這群幕後英雄為了王家人的抗爭、為了台灣人的居住正義，在咖啡廳熬夜開會、四處奔走、寫文案、發採訪通知、寫聲明稿、與許多團體溝通、籌備記者會、現場攝影等等，肩負著如此龐大的工作量與緊迫的時間壓力。「公民影音行動資料庫」的羅真小姐還協助我們製作了「士林文林苑王家事件懶人包」（請上網搜尋「圖解文林苑事件」），讓更多人透過網路了解這場抗爭。

3.

1. 我們動用一切資源向社會借款，透過柯一正導演的安排，我們來到自由廣場上的「不要核四、五六運動」現場。／老 K 攝

2.3. 二〇一四年二月二十三日，我們在台北車站大廳原訂有一場「居住權馬拉松——人民團結跨地發聲」的活動，主要向大眾宣布借款的進度與進行網路集氣；後來因為借款目標已提前達到，所以早上臨時增辦「感恩記者會」，並邀請十七個團體來此，組成跨地串連論壇。

我知道父親已賣命護著家園，我知道現場朋友所受的苦已到極限，我知道都更盟的朋友因為王耀德的決定再也沒有立場可以為我們王家說話，我知道這件自家人拆屋的舉動讓許多聲援者傻眼而不再願意站在我們這邊，我也知道有更多像我們一樣的都更受害者心中的恐慌；我看到張金鶚、郝龍斌、樂揚公司，以及投資客們的微笑。

我們努力撐了兩年，就在此刻化為烏有。建商用兩億的民事求償逼迫王耀德妥協，背著全家族而自行拆屋，這種家族成員分化手段，是建商最常使用的伎倆，像是壓死駱駝的最後一根稻草……

圖／鐘聖雄提供

第八章：落幕

第一節：失去組合屋

戲劇性的轉變

湊足一千七百五十六萬元的反擔保金，實屬意料之外。二〇一四年三月十二日上午十點，我們在內湖法庭前召開「提存千萬擔保金」記者會，表達我們守護祖地的決心。那幾天大家的重心都在這記者會上，因為這是公民社會給王家對抗政府的一個機會。

在這之前，阿三哥聽聞組合屋有可能被拆，我們無法評估這消息的真實性，總覺得建商已用法律來壓制我們，應該不會這麼魯莽拆屋。為了安全起見，那一晚阿三哥與八六決定睡在組合屋裡守夜，清晨四點多突然有人闖進組合屋，是王耀德，即王家十四號地主人王爸的兒子，也是土地所有權人之一。王耀德跟屋內的阿三哥說要來找一本書，這時間點來找一本不存在的書，行徑有些荒唐，他的動機為何不得而知。那一夜八六做了一個噩夢，夢到組合屋被拆，他非常難過。當初聽到這些片段的訊息，我總覺得是大家長期面臨拆屋的壓力下，才會出現的「被害妄想」，不以為意，沒想到這竟然是拆屋的前兆！

三月十四日，我還在坐月子期間，早上突然接到借我們水電的吳阿姨來電，她語氣緊張地說：「你家組合屋被拆了！你知道嗎？這是怎麼一回事？」我嚇了一跳，怎麼可能！我們兩天前才去法院提存，要繼續打這件「無權占有」訴訟案，有誰敢拆我們的組合屋？是法院？還是建商？

我當下趕緊聯絡組合屋附近的學生以確認此事，再聯絡父親、王爸和阿三哥。上班中的父親聽到此噩耗，馬上請假前往士林查看，而王爸則一時不知所措，不敢相信組合屋已被拆的事實。這突如其來的拆屋讓我們亂了陣腳，人到現場的父親在電話中激動地說：組合屋真的被拆了！我們的十四號地上已看不見組合屋，空盪盪的，只剩一台怪手正要破壞地面，屋前已被圍上厚重鐵皮。父親衝進建商的工地，丟石頭趕走站在土地上的怪手司機，許多聲援者在鐵皮外看不見組合屋，只聽到現場施工的敲打聲。

聲援者佳君問工人是誰拆了組合屋，得來的答案令人跌破眼鏡——那天早上，王耀德在這裡開了記者會，說他要自己派工人拆了組合屋，他所派的工人不是別人而是建商的工人。這荒謬的拆屋事件讓大家非常心寒與錯愕。詹順貴律師得知後二話不說馬上來到現場了解狀況，這時父親一人獨自抵抗建商工人，而到場的都更盟朋友與聲援者在一牆之隔的另一邊聚集著。詹律師與都更盟的朋友討論後，決定翻牆進去安撫父親，並且想辦法解決當下問題，而我只能不斷打電話及從臉書訊息得知現場狀況。耳邊的手機已講到發燙，中午電視新聞正在播出事件發展，而父親堅持不離開我們家的土地，因為一旦離開建商就會直接破壞原有地基，土地也就真的徹底被建商搶走了。

下午兩點多，詹律師、王爸和都更盟在現場召開記者會，王爸說兒子王耀德被建商騙了，才會鑄成大錯。同意戶謝代表拿出〈拆除運棄合約書〉，表示此拆除行為是經由王家人同意的。文件上有王耀德與王爸的簽名，但王爸的簽名由兒子代簽，王爸並不知情。詹律師表明，當事人如此被人代簽的同意書是無效的。

下午接到幫王家打官司的賴衍輔律師來電關心，他苦笑問我，這是不是在開玩笑，而我卻不如如何回答他，只能無奈對他說，組合屋被自己人所拆確是事實。這麼一拆，不僅讓那些借我們擔保金的聲援者傻眼，還重重打了我們王家人一個耳光。家族成員之間開始分裂，無法諒解耀德的

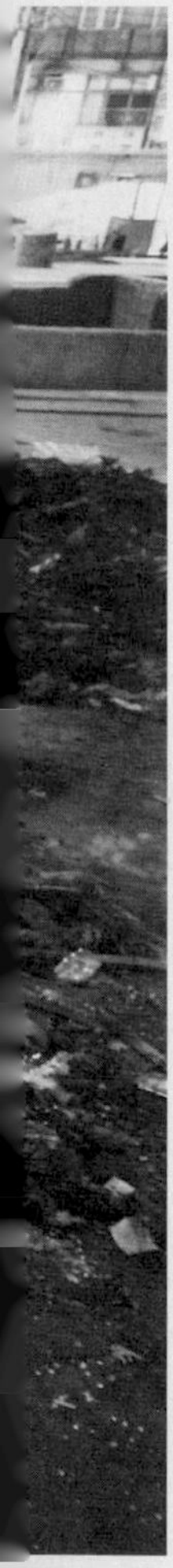

1.

2.

1. 父親（左上）、詹順貴律師（右上）、王爸（左下）、嬸婆（右下）當天一直都在現場守候，阻止建商施工。／鐘聖雄提供
2. 父親穿著表弟拿來的保暖衣物與雨衣，守著家園。／鐘聖雄提供

拆屋決定，更讓一直陪伴在我們身旁一起度過重重難關的都更盟成員及律師感到受傷。這個家不是一人獨有的，我們還有許多家族成員，當然還包括了非「所有權人」的家人，但王耀德以一句「我累了，不想再繼續抗爭下去」為由，仗著我父親與二叔叔給他的三分之二所有權，竟然不與家族長輩商量，獨斷與建商結盟做下決定，還拖累了嬸婆那一戶；天上的爺爺、奶奶和叔公若知道他做出「背祖」的事，應該會氣得跳腳！

父親為祖地守夜

傍晚小虹跟我討論關於〈王家聲明稿〉的事，此文只能由王家人自己來寫，而我利用寶寶睡覺的兩小時空檔，一邊寫稿一邊擔心父親與現場朋友的安危。寫完聲明稿後聯絡父親，但父親的電話已沒電，只能打給小魚，小魚說他們會照顧我的父親，隨後與父親通話，確認他當晚已無法回家。我帶著不安的心告知母親，晚上詩詠表弟帶著禦寒外套與充飽電的手機，交給現場守在怪手上的父親。這是一個難熬的夜晚，我抱著出生不久的寶寶，難以入眠，只好在臉書寫下自己的感受：

老爸王清泉獨守土地度夜

「土地」與「家」非一人所有，這是一個傳承六代以上的家族，這個家孕育許多家人，有著姑姑兒時看著奶奶在廚房做發糕的記憶、叔叔爬樹的記憶、父親從這裡沿著鐵軌走到淡水的記憶。這已不是只有「所有權人」才有權決定這塊土地的未來。今天耀德因為建商提出二億賠償的金錢壓力做出此錯誤的決定，讓我們王家所有人相當錯愕，身為長孫的父親，非常痛心。當初握有產權的父親與二叔為了讓三叔叔一家人可以好好打這場產權抗爭，才把產權過戶給耀德。要怪就只怪我們沒有注意到耀德一人正背負著如此重大的壓力，他的壓力來自市府，他曾經接過市府高層來電恐嚇，說市府絕對不會讓王家把房子蓋回來，後來又是建商的恐嚇，導致現在的他決定自斷後路。這都是我們的錯！是我們沒有好好關心他！

父親得知此消息馬上飛奔回組合屋，而正在坐月子的我只能幫忙聯絡律師，父親成功衝進已被拆毀的祖地，趕跑了在土地上開怪手的工人，而其他朋友卻被擋在鐵皮之外，看著父親站在怪手上，我感到很心痛。六十五歲的父親冒著三高的危險跳上怪手，這件事應該由我這子女來做的。他一直在現場與工人對峙，直到現在已深夜了！

此刻我想跟父親說的是：「天氣越來越冷，我已轉告母親說你不回家吃晚餐，今晚你和三叔叔決定在此地過夜，這一牆之隔，雖然阻隔你與外界聲援者，但牆外有很多人都一起陪你度夜，表弟們等一下會送保暖衣物給你，爸！你一人在裡面要保重啊！在這時候我們其他的家族成員會更團結，不管流言如何再度抹黑我們，家族的成員，不管有沒有產權，我們都不要被擊倒！爸，明天我請你女婿拿你的三高藥給你！請頂住！」

許多關心我們的聲援者來到現場與父親一起守夜，非常關心父親安危的志潤叔公，爬著梯子對著鐵牆內的父親加油打氣！入夜後的溫度驟降，原先縮在角落休息的父親後來聽永勝大哥的建議，躲進怪手駕駛座裡休息。

當晚王爸、阿三哥與 Ivy 到自由廣場向大眾說明今日所發生的事情。

隔天早上，我與母親準備了父親的更換衣物、運動鞋與三高藥物，請我先生帶到士林。借我們水電的吳阿姨在電話中說，她從家裡後陽台看著我父親一個人睡在自己的土地上，感到很難過，不知他的身體可以承受多久。我淚水早已潰堤，覺得自己真的很不孝，讓年邁的父親來承受這種罪。

稍後接到 Ivy 的電話，他們為了解救我父親，決定分三路攻進工地，可惜建商派出公關公司的人和人高馬大的保全人員，擋在工地出入口和我們十四號地的鐵牆前，不讓現場的朋友靠近，再加上一排警察跟著建商的保全站在一起，形成兩道人牆。大老鷹姐姐看著警

一名男學生被多名工人抬出工地。／張榮隆提供

察與保全有說有笑、交換名片。現場不斷發生衝突，氣氛相當緊張，同意戶、公關公司的人員以及建商派來的保全人員對抗著我們的聲援者，對聲援者推擠、咆哮辱罵，甚至動手打學生之後想再對學生提告。有一名女學生被同意戶推倒在地上，她一度昏厥，被救護車送往醫院，而同意戶竟然還對這位已失去意識的學生口出惡言。在工地裡站在怪手上的父親，氣憤地與牆外的同意戶互罵。

建商工地文林橋的出口有一些聲援者與同意戶僵持對峙，幾次推擠下，靠悲、小魚和另一位男同學終於突破人牆，進入工地與父親會合。附近鄰居主動借梯子給聲援學生黃燕茹，讓

她成功翻牆進入工地。建商的許律師和工人在工地內，工人只敢對靠悲和另一位男同學施暴，並把他們拖出工地，最後工地內只剩下小魚和黃燕茹陪著父親。我先生到現場要送藥物進去工地給父親，卻被建商阻止，場面混亂，我們寡不敵眾，都更盟的朋友一直在為我們想辦法。小虹想要到附近臨時租的旅館寫下午記者會的新聞稿，卻被建商找來的走路工跟蹤監視。他們用盡各種威脅手段對我們施壓，試圖造成現場聲援者的恐懼。

金權迫害下的家族分化

父親好不容易拿到物品，服用藥物後，換上牛仔褲與運動鞋，繼續對抗建商，就這樣持續到下午。事後父親說，他當時差點高血壓發作，還好及時吃藥。父親看著學生被同意戶毆打，高大的保全人員隔開聲援者與父親的距離，工地內的工人不時試圖把父親拉出我們的土地。父親耗盡體力與精神，感覺大勢已去，心有不甘，請王爸一家人與嬸婆一家人進入工地一起討論，帶著沉痛的心情在工地內自己的土地上拍照，留下最後合影，然後棄守這個堅持了兩年多的家園。

這決定讓許多場外聲援者吃驚，在家的我更無法接受。我呆坐在電腦前，看著臉書的訊息與現場照片，手裡握著已發熱到不行的手機，心都空了！我知道父親已賣命護著家園，我知道現場朋友所受的苦已到極限，我知道都更盟的朋友因為王耀德的決定再也沒有立場可以為我們王家說話，我知道這件自家人拆屋的舉動讓許多聲援者傻眼而不再願意站在我們這邊，我也知道有更多像我們一樣的都更受害者心中的恐慌；我看到張金鶚、郝龍斌、樂揚公司，以及投資客們的微笑。

體力耗盡的父親坐在殘破的家園裡休息。／小魚攝

下午我們在十四號地前與都更盟、聲援者、元貞法律事務所的黃昱中律師、公民團體、學者、王小隸導演一起召開最後一次記者會，學者痛批這是政府錯誤的制度下所造成的結果，最後都更盟的朋友與嬸婆、姑姑們難過得哭成一團。我們努力撐了兩年，就在此刻化為烏有。建商用兩億的民事求償逼迫王耀德妥協，背著全家族而自行拆屋，這種家族成員分化手段，是建商最常使用的伎倆，像是壓死駱駝的最後一根稻草，當最重要的地標組合屋被剷除後，建商就可以動工了。這就是政府縱容建商的粗暴搶地手段，未來的台灣將會有更多像王家一樣的犧牲者，一個又一個被建商慢慢拔除吞噬。這是多麼可怕的土地金權迫害！

二〇一四年三月十五日士林王家暨台灣都市更新受害者聯盟新聞稿（節錄）

樂揚逼人太甚　協尋馬江郝張：救救恐怖都更！

文林苑：示範財團炒房搶地的悲哀未來

【違憲都更究竟如何依法行政】

司法院大法官釋字709號解釋既已指出：當前《都市更新條例》執行過程，包括申請概要同意比率、重要資訊未採送達主義、未舉辦公開聽證，已不符正當行政程序。「文林苑」這種典型的私人合建案，既然過去是在違憲的都更下執行，究竟俱備何等公共利益？又是如何違憲依法行政？

我們質疑：作為釋字709號解釋聲請者之一士林王家，非但無法受到釋憲結果保障；因為我們的抵抗，竟然成為官商勾結下，被建商威脅不妥協就求償巨額的對象，成為都市更新惡法改革過程中，讓立院地產派系立委與行政機關向無良建商財團獻媚的殘忍祭品！

【死守土地，只為平等協商的最後一線生機】

自二〇一二年二月以來，士林王家與都更受害者聯盟已透過內政部營建署輔導會議中，

在十四號地上留影。前排左起小魚、王爸、黃燕茹，後排左起林永勝、王媽、嬸婆孫子、嬸婆、二姑姑、堂妹、妹夫、父親。／小魚提供

協調出變更設計可行之方向，並希望過程中保障其他簽約戶權益。從過去以來，我們真摯盼望三贏。

在苗栗大埔的慘案中，張森文的犧牲並未換來豺狼縣府的覺醒。遭到無公益性、必要性圈地濫折的張藥局，因為苗栗縣府罔顧行政法院訴訟，強行動工，致使造成既成事實，然後縣府優雅聲稱無可回復。

昨日王耀德自行同意樂揚拆除組合屋，但組合屋並非他所有物。組合屋內外所有私人、團體物品被樂揚建設雇工擅自丟棄，至今下落不明。自昨日上午九時，冒著寒冷低溫天氣苦熬至今，在現場抵擋樂揚強行開挖的王清泉、王廣樹兄弟，死守至今，目的就是希望仍能保留平等協商的最後一線生機。

我們共同譴責：公權私用始作俑者台北市長郝龍斌、台北市副市長張金鶚、日前高昇營建署署長丁育群、帶隊拆屋的都更處處長林崇傑，對於當前台北市都市更新淪為人民弱弱相殘、建商市府漁翁得利的悲劇，難辭其咎！

【政府、建商公關聯手施展烏賊戰術：一次釐清！】

尤其，樂見王家成員迫於建商威脅兩億民事求償，背著全家人自行拆屋的沉痛決定，張金鶚副市長竟大言不慚「好事，對都更有正面形象」。有這樣的行政首長，何需豺狼建商？

令我們感到無比傻眼、痛心！

在此我們特別嚴正回應張金鶚副市長不負責任的抹黑說法。張指出都更受害者聯盟「濫用王家的名義借錢，最後王家根本還不出錢來，變成『死道友不死貧道』的怪象」。這是以訛傳訛的錯誤說法！每張社會借款的借據上，借款人明確寫的是「都更受害者聯盟」。若非與兩戶王家人們情義相挺、再三審慎確認，我們無須做此吃力不討好、目標難如登天的行動。請勿將反對不義強拆、反炒地皮都更的民意基礎倒果為因，繼續分化抹黑王家與聲援團體、聲援者的關係。

半個月後，二〇一四年四月一日，台灣都市更新受害者聯盟，再度針對王家組合屋事件發表聲明。

王耀德在自拆組合屋後，對媒體聲稱「對於社會借款行動不知情」，都更盟在聲明中提出幾項疑點。都更盟否定這是單純由王耀德個人所為，聲明稿中指出：

「表面看似一齣王家地主自拆屋的行為，事實上，我們認為幕後操盤手是官商聯手示範的『殺雞儆猴』戲碼，意欲透過對王耀德的手二度強拆王家，非但是拆除有型的組合屋，也毀掉兩年來堅持抗爭的王家人與聲援者共同締造出來的運動成果；一舉撲殺都更受害者聯盟及參與運動的成員。」

第二節：感謝你們，我的戰友，還有我的寶寶

這一段路，我們一起走過了

與台灣都市更新受害者聯盟的朋友們初次相識是在法庭裡，那是在第一次強拆前，我父親王清泉被樂揚建設提告。當初的我無法理解：一群不認識的朋友、民間團體為何會願意幫我們抵擋強拆？強拆當天屋裡屋外到處都是陌生的學生、聲援者，都更盟還號召了許多民間團體一起來到現場，幫我們在屋外圍成多道人牆，對抗著上千名的警力。最終我們雖敵不過政府的粗暴強拆，卻開啟了社會大眾認識都更惡法的契機。

文林苑爭議，實際上是台灣都市更新問題的冰山一角。強拆過後，都更盟的朋友號召人力，與我們一起重回到王家的土地上。大家共同討論都更相關的議題，研究跨社區的案例，專家學者在王家原址馬拉松開講，而樂團朋友則以「王家大鋸院」重建廢墟。

我們在風雨交織的四月天，一起經過了帳篷時期、一起籌建組合屋、一起排班守屋、一起造窯、敦親睦鄰。我們在炎熱的夏天對抗建商工人的挑釁行動，一起哭、一起笑、一起

生活。為了干擾對方的監聽，我們在組合屋一邊播放擾人的快轉佛經，一邊開會。我們跟各個面臨都更暴力的社區居民一起討論「都更條例」該如何修法？如何杜絕下一個都更受害者？我們守護的是人民的居住尊嚴與自由，這不是金錢價值可以代替、交換的。

部分網友見媒體報導，臆測王家被社運「綁架」。我們看了很痛心。因為在一路相伴的過程中，這些社運前線的朋友總以我們王家人的意見為優先，把許多組織資源投入在我們的守護行動中，協助我們表達「排除都更、變更設計」的心願。二〇一三年夏天，現場衝突非常頻繁，每次承受建商的派遣工人施工挑釁，都更盟與學生都站在王家人的前面，避免我們遭受攻擊而做出不理性的舉動。許多朋友因此被建商提告。他們無私的付出，我們看在眼裡。他們才是真正的英雄，與他們的長期互動，打破我原有人性本惡的觀念。

建商派出人高馬大的保全人員對付這群聲援者與學生，而這衝突的源頭是我們的家園被強占；但部分輿論卻把矛頭指向都更盟，說我們非自願走上抗爭的路。問題是，這場戰爭從一開始就不只是王家產權人的戰爭，而是公民想要守護家園不被地產霸權侵吞的戰爭。

都更盟一路以來與被迫遷的我們相伴，只為了實現一個理想——拒絕都更綁架，是公民的基本權利。

事件落幕，在此我要感謝台灣都市更新受害者聯盟，以及所有一直跟我們站在一起的公民團體、學者、社區、律師、藝文界人士，以及各界社會人士：

台灣都市更新受害者聯盟、人民火大行動聯盟、人民民主陣線、OURS中華民國專業者都市改革組織、台灣農村陣線、青年樂生聯盟、日日春關懷互助協會、桃園產業總工會、綠色公民行動聯盟、台灣人權促進會、台灣當代漂泊協會、各大學異議性社團。

國際人權聯盟（Union for Civil Liberty，UCL）主席Danthong Breen、香港工黨、香港人權團體。

永春社區、三重大同南段都更案（許素華）、萬隆社區（陳淑蘭）、紹興社區自救會、紹興學生訪調小組、華光社區自救會、華光學生訪調小組、桃園機場捷運A7站自救會（徐玉紅）、三鶯部落、苗栗大埔自救會、大埔張藥局彭秀春大姐、淡海二期反徵收自救聯盟、新北市淡水愛鄉協會。

已故的張森文大哥、邱照惠（丸子）。

黃瑞茂教授、徐世榮教授、廖本全教授、蔡培慧教授、林暉鈞教授、劉欣蓉教授、孫啟榕教授、顏亮一教授、康旻杰教授、王章凱教授、石計生教授、胡寶林教授、施正鋒教授、楊友仁老師、邱延亮教授、石達如教授、蕭文傑老師、羅士哲老師、張俊哲建築師。

元貞聯合律師事務所（詹順貴律師、高恚炘秘書、翁國彥律師、林袓燁律師、黃昱中律師、顏榕律師、李明芝律師）、陳瀅竹律師、陸詩薇律師、海禾通商法律事務所（賴衍輔律師、童兆祥律師）。

戴立忍導演、柯一正導演、王小棣導演、王育麟導演、Nicole Chan、罷點樂團、閃靈樂團。鐘聖雄、廖沛均、皮皮、高新雄、吳惠琴阿姨、永和豆漿店、鄭志忠、張之穎、黃宏錡、汪生、施逸翔、張榮隆、周志文、華光王禹奇、Anita Hou、紹興王常彪、潘翰疆、卜派、林永勝、李昭玫、陳火森、老K、大鼠、楊小二、毛毛、翁慶寧、滷蛋、法蘭克、肉肉、鹹魚、Candy Bird、Mayer Su、黃燕茹、Daisy Lin、洪崇晏（八六）、靠悲、許哲韓、料理最前線、彭龍三、陳虹穎、黃慧瑜、張立本、郭冠均、Alan、梁世媛、梁世婷、李容渝、黃郁齡、黛安娜、駱駝、小緯、何悅瑄、彭至誠、黃信傑、陳姿雅、老陳、若有、小白、徐君瀅、郭明珠、周佳君、陳佳君、陳瑋老師、昭玫姐、螞蟻、海馬、Over、老王、許恩恩、陳三郎、大老鷹姐姐、大埔柯先生、賴明賢、楊小二、Alice Tsui、Yichia Yu、姚尚德、蔡詠晴、安全帽陳先生、陸仁賈、魯先生、古董張、法律先生、梁秀眉老師、陳文僅、陳秋華、蕭佩均、Fonsi Chen、蕭年呈、尚林鐵板燒、南機場夜市八棟園仔湯老闆，以及所有幫助過我們的立委、議員，以及所有陌生的朋友。

最後，我要感謝一直支持、體諒我的婆家和老公。

寶寶，感謝你這時候的到來

房子遭強拆一年多以後，二〇一三年六月，我懷孕了，這是我們夫妻倆的心願。在漫長抗爭的苦悶日子裡，寶寶的到來提醒了我們生命的喜悅。運動後期，我因懷孕而從抗爭的第一線退下，在家的日子裡，意外的讓我多了沉澱與思考的空間，並且著手整理手邊的資料，寫下這本書的大部分內容。二〇一四年三月的二度強拆，我在家裡坐月子，寶寶陪著我熬過那一段痛苦的時光。

寶寶出生前的兩個月，當時為了保住組合屋而必須面對巨額反擔保金的關卡，我們慌了陣腳。當時我給寶寶寫下這些文字，在所有的逆境與順境，寶寶都在給予我強大的心靈力量。

我的寶寶：

期盼多年，也做過多次的人工授孕失敗後，就在我與爸比要放棄時，你悄悄來到我們的生命中。媽咪那段時間一直覺得好疲累，感覺到噁心；那一天，媽咪必須一早外出辦事，還要到法院觀審。我在想，你是不是到來了？我決定把收在儲藏室的驗孕棒拿來試試，沒想到驗孕棒出現我從未見過的鮮明兩條紅線，剎那間不敢相信自己的眼睛，當下好想哭喔！我把床上的爸比搖醒，爸爸還開玩笑說這是不是我自己畫上去的！

我們的開心持續不到十分鐘，馬上想到了一連串現實的問題。爸比非常擔心媽咪今天要去法院，太激動的話會傷到肚子裡面的你。媽咪認為每次開庭都非常重要，所以一再向爸比保證會小心安全。過了爸比這一關，還有外公那一關。你外公聽說你的到來，非常高興，但外公擔心媽咪因為要處理文林苑的訴訟案等等瑣碎的事情而無法好好照顧你，希望媽媽不要去法院。固執的我當天還是去了，這一路上外公陪在媽咪身邊，一下叫我走慢一點，一下幫我提包包，之後還送我安全回家，辛苦外公了！

寶寶，自從你來到媽咪的肚子裡，媽咪應該多關心你，應該像其他媽媽一樣放輕鬆的音樂給你聽；但媽咪有愧於你，為了處理老家的訴訟案件，我給你的胎教是寫聲明稿、看三二八強折紀錄片、看工人挑釁的影片……為了中和這種種負面的能量，媽咪每次工作到一個段落，就會趕緊乖乖回到床上躺平，看看輕鬆的幼幼台節目來紓緩一下情緒。

媽咪應該讓你多聽一些開心的事，但那幾個月裡發生太多重大的迫遷事件。大埔強折當天，媽咪的手機不斷傳出臉書友人發布的訊息，我非常激動，為了保護你，許多友人都勸媽咪不要再看臉書了。還記得大埔張藥局與其他不同意戶即將被強拆，危在旦夕，他們北上到行政院陳情抗議時，我們王家人和都更盟的朋友都去聲援，隔沒幾天，他們的家被苗栗縣政府拆掉了，他們與我們一樣都是制度下的受害者。

兩個月後（九月十八日），中午媽咪打開臉書得知張森文大哥失蹤的消息，大家著急地到處找他，媽咪也加入PO文的行列，希望有更多人看到訊息可以幫助他們。結果，還不到五分鐘即傳出噩耗，張大哥的遺體在離家附近不遠的大排水溝裡被發現了，媽咪當下看著電腦螢幕哭了好久，一直不敢相信這件事。媽咪真的很對不起你，無法克制負面的情緒。當天你終於忍不住以「宮縮」來表達抗議，抗議媽咪忘了保護你，你把我的肚子變得像石頭一樣硬，醫生告誡媽咪，這是非常危險的，可能會導致流產，要媽咪多躺著休息。經過這一次經驗，我只能乖乖躺在床上安胎，外公得知後很生氣，不準媽咪外出。

安胎的時間裡，媽咪還是會偷偷打開臉書，關心那些因為張大哥的事而上街頭抗議的朋友，我看著八六被警察推扯後頭部受傷、徐世榮老師在路上被警察拖行、小魚、林暉鈞老師還有許多朋友一一掛彩，我的內心好痛苦，因為我無法為他們做什麼，只覺得我們的警察瘋了，到處亂抓人。後來我與被抓到警察局的徐老師聯繫上，確認已經有律師前去幫忙了，才比較放心。為了寶寶你的健康，我決定關掉臉書。

你的狀況穩定後，我們帶著你去雲林看陳三郎叔叔的創作展，展覽的主題是以王家強拆時的影像加入創意所呈現的一系列故事，希望這樣的環境可以開發你的才藝，有時我們還帶著你去律師事務所跟律師開會，也希望你能像律師叔叔一樣聰明，有

抗爭後期，我在安胎期間整理資料，寫下這本書。

優秀的邏輯能力，以及更重要的，要當一個有正義感的人。媽咪能給你的不多，只盼你有顆善良的心。

媽咪的肚子越來越大了，大到媽咪站著時看不見自己的腳，大到媽咪穿襪子都很吃力，大到睡在床上很難翻身，每走一步路都很吃力。媽咪好開心，因為知道你正在健健康康地長大。爸比有時會隔著媽媽的肚子跟你打招呼，你也會游到爸比手掌下給他一個熱情回應。你是爸媽期待已久的小寶貝，希望你一切平安健康，希望等你學會走路時，我們再一起去彎腰農夫市集看看秀春阿姨、去台東看看到時已經被拆除了的美麗灣、看看台東依舊美麗的阿塱壹古道！

這段內心掙扎的養胎期間，還好有Ivy、小虹、阿三哥、Alan的幫忙，他們不時在臉書上提醒我該關電腦了，還跟我分擔許多事情。貼心的Ivy時常與我聊天，幫我紓解不少負面情緒，還有很多朋友幫我走過最艱苦的日子。有這麼多的貴人幫助，讓我度過難關！感謝爸比和阿老阿嬤、還有小姑姑的體諒和包容，讓媽咪可以全心全意去做每一件事。

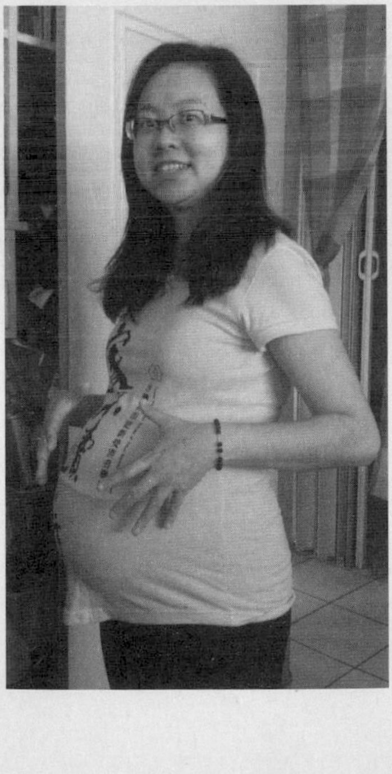

5
14

圖／王瑞霙攝

Upon the star
marks the hidden pol
隱沒星極的星星上
every wandering thought
將每個漂泊的念頭
where all

後記

被踐踏者的戰鬥書寫——書寫記憶，以直視恥辱

陳虹穎（小虹）

> 城市是各種類型與階級人們混匯交聚的地點，無論多麼不情願或不自然地，製造出共同地帶，不間斷地改變與中介生活。[…中略]
>
> 在漫長的都市烏托邦主義歷史中，我們記載著所有各種人類渴望所製造的不同都市面貌[…]。近來復甦、受注目的這些必敗無疑的都市公共性（urban commonality），反映了晚近都市生活整體朝向私有化、圈地、空間控制、警察化與監控化的深遠影響，此外，也強調在都市過程中，擺脫資本階級利益主導的，建造或居住於新型式的社會關係（一種新共同體們）。
>
> ——節譯自大衛．哈維（David Harvey），*Rebel Cities*

在媒體上，「王瑞霙」的名字，作為士林王家「發言人」之一，偶爾出現在產權人缺席／抽不出身的時刻。身為「嫁出去」的女兒，她畫出阿公在世時，在這片還不屬於「天龍

國台北市」的士林土地，關於農地、瓜藤、平房與鐵道的空間記憶。

同時，作為王家家族一分子、一個母親、一個空間領域工作者，她過去三年來，不斷奔波於基隆與台北間，參與一場場討論分工、整理資料、寫聲明稿，並擔負起串連家族成員們協力的工作。

在她的堂弟王耀德自拆屋，為士林王家抵抗文林苑案強制劃下句點後，至今才快一年。她以十幾萬字記敘了她所經歷之事。

縱使自費，她也堅持，希望這份從她視角出發的回憶錄能夠面世。這是源自於一種直面恥辱與抵抗經歷的動力。她的「悶」，與那無處宣洩的憤慨，幾乎同時在我們其他核心參與者身上發芽；也落在好多參與過，卻沒辦法／沒機會用電腦打字的抵抗者們身上。

這些抵抗者們，至少是自士林王家遭台北市政府強拆以來，七百一十六個在殘瓦礫廢鋼筋堆生活的日子裡，那些我只消閉上眼睛，就能浮現在腦海裡的身影：她（他）們年紀從幼稚園到老年不等。她們各自以吶喊言說、肥皂箱講座、站崗、書信、食物、汗水勞動、野外紮棚、自訂家具、提供水電技術、水電源與發電機、手謄網址作剪報蒐集、重金屬搖滾與古典樂、默劇、即興劇作與行為藝術、提燭夜訪郝宅、居住正義百衲旗的集體縫製與旅行、料理最前線、都市更新修法討論會、社區經驗交流、社會借款、頂著大太陽抵抗怪手、以相機與攝影機作為武器……在有著大黃球與每五分鐘隆隆捷運呼嘯而過的廣場，在那充滿露珠、雨水和暴風的泥濘工地，正是這些行動，記錄了這些日子，她們各自的心事，與這片土地、人的連結。

再多的辯解與串供，都抵擋不了，這些人用身體共同見證的時日與風景。

換言之，縱使被政府與建商貼上「私權糾紛」標籤，這些爭議都更案的法律文件、官方公文報告，都無從抹滅「公共介入（public intervention）」的痕跡。反而，正是「抵抗的諸眾」貢獻一臂，才足以在灰藍慘綠的天空，與迫遷當事者共同撐出一片抵抗的蒼穹：橫跨反對財團惡霸圈地、反官商勾結、反程序黑箱、反容積濫發、要求人民的安居權（Rights to stay put）、要求取消新自由主義都市政策惡法……

城市權的抗爭，從來就無法用公／私、有產／無產一刀切。回顧「文林苑」案事件本質，除了法律戰場上，對事物歸屬的釐清、權利的承認以外，「產權」的潛台詞，更是體現了一組組變動中的社會關係。

這些變動中的社會關係，反映的不只是每個家族內部，性別與繼承的親屬系統。輕些，是在各地大大小小的都市更新公聽會、審議會上，被法令明文規定「非產權者噤聲」，被剝奪城市權（rights to the city）的市民抵抗者身影。重些，則是被烙上「入侵建築、妨礙名譽、妨礙自由、公然侮辱、傷害、毀損」等民刑事罪名的抵抗者，從各自的辦公室、學校或家裡，硬是選擇離開自己本來寧靜安穩的生活，一同栽在那充斥八點檔劇情的工地、市政府、警察局與法院空間的扭鬥裡。

這些諸眾抵抗的樣態，是對金權聯手、不義強拆的城市構造，展現質地稠密的悲憤怨幹。這些金權「恥辱」連延不絕，既是屬於這些城市的、社區的、家庭的，也是個別流竄過我們個人血液的。

二〇一四年三月十四日，王家土地三分之二產權人王耀德的自拆屋事件，意味著：過往以一個姓氏承載起「一個家族、數個家庭、數十個人、一種意見」，以血緣親情的相互傾軋，艱辛繫起勉強團結的幻夢，終究不敵產權人面臨繼承一無所有的恐懼，而宣告破滅。然後，那些曾存在過，或長或短的「共同體」瞬間，那些以信念凝聚的心意與信任，也被狠狠踐踏在產權人─政府─建商三方的秘密協約下。

瑞霙的回顧，以交雜在家族無產權者、組織、空間專業等多重身分，記錄下那些都市共同體的真實抵抗場景。這些敘事，是穿梭在土地鄉愁、家族情感、性別關係與產權的——常民社會經驗中的——潘朵拉盒子。它照見著不同行動者，如何穿梭行進在新自由主義都市寓言裡，面對種種尖銳嚴苛的社會關係考驗。

這包括過去三年來，郝市府在檯面上壟斷性詮釋、檯面下威逼利誘，在在展現了一個民選官僚，將錯就錯的政治抉擇，串起產官學媒金權陣線。那是殺戮無須泥濘與見血的優雅。她的記敘也娓娓道出：縱使是相對安穩的小中產階級，一旦展開抵抗，面對的是看不見盡頭似的、日以繼夜面對即將一無所有的恐懼；以及那些關於互信、團結、算計、扭曲的人性煎熬。

作為台灣都市更新受害者聯盟的組織一員，我看見的是：自二〇一一年下旬起，組織共同決定投注資源人力、打出「守護王家」的口號，目的一直很清楚。這不是冀求公眾一同守護私產地主的家產；而是在於，怎麼以都市公眾的共同介入，在不同的都更社區裡，拉出「滾動的公共性」陣地戰。

延伸來說，與士林王家成員們達成合作的基礎，在於對抗貪婪不公義的都市空間生產方式，以及都市更新中，「貧者愈貧、富者愈富」的空間再分配邏輯。我們與這個大家族長期信任關係得以滋長的過程，是因為見證到家族中，有更多數沒出現在鎂光燈下的無產權者，為了理念與相挺，不計辛勞的付出投入。

但故事的暫時結尾，卻荒謬終結於集知識與發言優勢的產權人之手。縱使把範圍限縮到兩戶產權者身分，我們共同見證了：其中一方與政府、建商長期密議，這層權力關係，延伸至談判，促成兩戶之間差別甚大的再分配結果。但，十四號門前的燈過亮了，遮蔽了人們看見十八號的顫巍處境。

上述城市寓言，只是城市現在進行式的一隅。

瑞霙訴說的經歷，已不只是一九六〇年代至九〇年代以來，那些眷村、公園預定地、國小校地、河灘地上，經濟弱勢與一無所有者的抵抗。土地掠奪的危機，隨著未停歇的高樓化與都市擴張腳步，向處境相對優渥的廣大中產階級家戶撲襲。

這是每個人無論願意與否，都被迫政治化地圈進高房價、都市更新、土地徵收、市地重劃空間戰爭的歷程。

雖然在文林苑案裡，我和敬佩的同行者們，一起摔得鼻青臉腫，恥辱與傷痕累累。然而，這沉重的一課，說的是在暗流險峻的社會裡，如何不輕易失去相信人、相信自己的力量。

因此，我仍相信，這些瞬間抉擇，是每個人重拾對自己生活選擇權的機會。

創造寓言，從來不是財團、政客與無力抵抗者的專利。當前浮現的種種都市共同體，都懷著一起奪回人民的城市意念。而那些股意念的總合與實踐，在某個時空瞬間，總足以迸發異質的經驗敘事，重建我們所熱愛的生活。

（作者為台灣都市更新受害者聯盟成員、台灣大學建築與城鄉所博士候選人、英國德倫大學地理系博士修業中）

【附錄一】

大法官釋憲文——《都市更新條例》部分違憲

王家祖厝被強拆後，當時的台北市市長郝龍斌宣稱強拆「依法行政」，但市長所依的是違反人權的法。我們在詹順貴律師團隊的協助下，針對《都市更新條例》關於都市更新事業概要及計畫之審核程序規定，聲請釋憲。二〇一三年四月二十六日，〈釋字第 709 號解釋〉公布，明確說明《都市更新條例》多處違反憲法對人民財產權、居住自由權的保障。然而，荒謬的是，市政府表示「釋字第 709 號解釋不適用於王家個案」。

為此，我們在二〇一三年年底再次聲請補充釋憲，二〇一四年十月二十三日大法官做出〈釋字第 725 號解釋〉，說明「大法官解釋宣告法令違憲定期失效者，於期限內原因案件不得據以請求救濟」一事違憲。〈釋字第 725 號解釋〉的結果足以讓文林苑都更案大翻盤，也就是說，我們原來期盼的原地重建是可行的，可惜一切為時已晚。

這起都更爭議雖然最終無法讓王家人保住祖厝，但釋憲結果終於逼使都更法修正，以回應憲法保障的人民財產權與居住權，也讓未來都更計畫的審核與執行更趨於完善，讓台灣不再有下一個都更受害者。

以下是兩次釋憲的內容摘要：

釋字第 709 號解釋理由書摘要（由元貞聯合法律事務所提供）

憲法第15條明定對於人民財產權應予保障，旨在確保個人自由使用、收益及處分其財產的權利，並免於遭受公權力或第三人侵害；憲法第10條則規定人民的居住自由，保障人民有選擇住居所及生活不受干預的自由。

《都市更新條例》的立法目的是促進都市土地有計畫之再開發利用，復甦都市機能，改善居住環境，增進公共利益，因此都市更新的實施，不僅攸關重要公益，同時也嚴重影響眾多更新單元及其周邊土地、建築物所有權人的財產權及居住自由。

為使主管機關於核准都市更新事業概要及都市更新事業計畫時，能確實符合公益性、必要性及相關法律規定之要求，並促使人民參與建立共識，以提高都市更新接受度，《都市更新條例》應規定並踐行正當行政程序，包括確保利害關係人知悉相關資訊之可能性，及適時向主管機關以言詞或書面陳述意見之權利。都市更新事業計畫的核定，對人民財產權及居住自由更造成直接、嚴重的限制，因此《都市更新條例》應規定主管機關舉行公開聽證程序，使利害關係人到場以言詞陳述意見及論辯後，依據聽證紀錄並說明理由再作成核定，方與憲法保障人民財產權及居住自由之意旨相符。

《都市更新條例》第十條第一項，雖有規定申請人或實施者舉辦公聽會，惟不足以保障利害關係人適時向主管機關陳述意見的權利。此規定未要求主管機關設置適當組織以審議都市更新事業概要，且未確保利害關係人知悉相關資訊可能性，與前述憲法要求的正當行政程序不符，有違憲法保障人民財產權與居住自由的意旨。

《都市更新條例》第十條第二項規定，申請核准都市更新事業概要之同意比率，僅均超過十分之一即得提出合法申請，此等同意比率太低，形成同一更新單元內由少數人提出申請，恐引發居民參與意願及代表性不足的質疑，並造成多數人被迫參與都市更新程序，而面臨財產權與居住自由被侵害的危險，不符憲法要求的正當行政程序，亦有違於憲法保障人民財產權與居住自由的意旨。

《都市更新條例》第十九條第三項及第四項，雖規定有關都市更新事業計畫之核定，送都市更新審議委員會審議前，應舉行公開展覽，任何人民或團體得於公開展覽期間內提出意見，然而此規定未要求主管機關應將該計畫相關資訊送達更新單元內申請人以外的其他土地及合法建築物所有權人；且公聽會的意見，亦僅供主管機關參考審議，亦非公開聽證程序，凡此均與憲法要求的正當行政程序不符，有違憲法保障人民財產權與居住自由的意旨。

上述都市更新條例第十條第一項、第二項及第十九條違憲部分，應於本解釋公布之日起一年內檢討修正，逾期未完成者，該部分規定失其效力。

《都市更新條例》第二十二條第一項規定之立法目的，係為避免因少數人的不同考量而影響多數人參與都市更新的權益；另一方面係為促使居民事先協調，以減少抗爭；復考量災區迅速重建之特殊需要，因而視更新單元是否在已劃定之更新地區內及是否屬迅行劃定之更新地區，而依情形分別為各種同意比率之規定。斟酌都市更新不僅涉及不願參加都市更新者的財產權與居住自由，亦涉及重要公益之實現、願意參與都市更新者的財產與適足居住環境的權益，以及更新單元周邊關係人的權利，立法者仍應考量實際實施情形，隨時檢討修正。

釋字第 725 號解釋理由書摘要

本院依人民聲請解釋認為與憲法意旨不符，其受不利確定終局裁判者，得以該解釋為再審或非常上訴之理由，旨在使有利於聲請人之解釋，得作為聲請釋憲之原因案件提起再審或非常上訴之理由。惟該等解釋並未明示於本院宣告違憲之法令定期失效者，對聲請人之原因案件是否亦有效力，自有補充解釋之必要。

本院宣告違憲之法令定期失效者，並不影響本院宣告該法令違憲之本質。本院釋字第 177 號及第 185 號解釋，使聲請人得以據本院宣告違憲立即失效之法令，提起再審或非常上訴等法定程序，對其原因案件循求個案救濟，以保障聲請人之權益。

為貫徹該等解釋之意旨，本院宣告確定終局裁判所適用之法令定期失效者，聲請人就原因案件亦應得據以請求再審或其他救濟，法院不得以法令定期失效而於該期限內仍屬有效為理由駁回。如本院解釋諭知原因案件具體之救濟方法者，依其諭知；如未諭知，則待立法修正公布新法生效後，依新法令裁判。

最高行政法院九十七年判字第 615 號判例：「如經解釋確定終局裁判所適用之法規違憲，且該法規於一定期限內尚屬有效者，自無從對於聲請人據以聲請之案件發生溯及之效力。」與本解釋意旨不符部分，應不再援用。

聲請人指摘《都市更新條例》第三十六條第一項前段規定違憲部分，經查其原因案件之確定終局裁定並未適用該項規定，自不得以之為聲請解釋之客體。

【附錄二】

強拆後，該怎麼辦？——一份希望永遠用不著的 SOP

強拆後許多事情需要一一整理，例如安頓家人、占回現場後分配守衛人員、招募義工、現場臨時居住的生活公約、整理現場捐贈物資、清點現場物品等。以下的工作事項與安排，歸納自王家被強拆後的實際經驗，有其特殊性；然而，都更惡法只要繼續存在，就可能會有下一個受害者，因此這些經驗還是有一些參考價值。

事件處理分成三個部分說明：一、清點拆後物品；二、開記者會；三、教戰守則（如何面對警察盤查）。

一、清點拆後物品

強拆後，現場還留著許多家人的私人物品，為了清點現場物資，以下是所需的工具與流程

（一）工具：相機、記錄表格、物品編號標籤、奇異筆、手套、刷子、抹布、塑膠袋、掃把、夾子

（二）流程：清理物品並做分類→貼上物品標號→拍照紀錄→將物品依分類後製作成表格

強拆時，建商派搬家公司把家中物品打包好，然後放置在建商的倉庫存放，但之後我們發現現場還有許多物品並未被打包，因此決定記錄整理這些被遺留在現場的物品，作為日後打官司的重要資料。

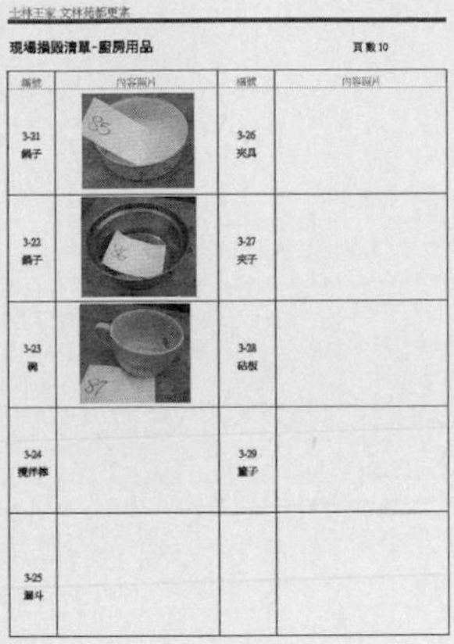

士林王家 文林苑都更案

現場損毀清單-廚房用品　　頁數10

編號	內容圖片	編號	內容圖片
3-21 鍋子		3-26 夾具	
3-22 鍋子		3-27 夾子	
3-23 碗		3-28 砧板	
3-24 攪拌棒		3-29 蓋子	
3-25 漏斗			

物件紀錄表格格式參考。

二、開記者會

每當發生突發事件時，我們必須召開記者會向社會說明與澄清，這需要許多人力與物力的支援。記者會往往是在突發狀況發生之後，所以我們只能在極短的時間內完成記者會的前置作業，這需要大家的團結與合作才能順利完成。以下是這段抗爭的日子所累積的經驗與心得：

（一）前置作業：確立活動的動機與目的，以及時間地點。時間的設定須考量電視媒體的新聞時段與所需的後製時間。討論記者會要使用的形式，比如是否以行動劇來強調訴求，或請來賓進行聲援演說。大架構確認後，開始分組工作。

（1）文案組：寫聲明稿、新聞採訪通知文案、活動口號標語、當日發言稿；確定活動流程如發言順序；投書平面媒體增加曝光。

（2）美工組：製作海報、網路訊息發布的平面設計、設計標語、製作手牌、製作活動道具、印製聲明稿、製作宣傳品（貼紙、DM、書籍等）。

（3）公關組：邀請來賓與 NGO 組織、通知媒體。

（4）場地規劃組：租借場地、現場環境查勘、模擬當日活動、準備所需物品如桌椅和旗幟等。戶外活動時必須考量雨天方案。

（5）設備組：音響設備、麥克風、大聲公、電力來源、攝影設備等。

（二）活動當日工作：

（1）活動組：現場主持、說明活動流程、安排人員與媒體記者的位置。

（2）公關組：發新聞稿給媒體，並收集現場媒體名片；接待受邀來賓。

（3）設備組：架設音響與投影設備。

（4）場地規劃組：布置會場、擺放桌椅；放置海報、手牌和旗幟。

（5）記錄組：拍照或攝影記錄，即時上傳網路發布訊息。

（三）後續工作：

收集媒體報導影片、網路新聞、報紙新聞；檢討活動效果，確認日後可改善的空間，發布後續結論。

三、教戰守則（如何面對警察盤查）（由元貞聯合法律事務所提供）

抗爭現場，除了建商工人，我們還得要面對警察，為保護自己的權利，法律常識非常重要。以下內容在大部分社會抗爭事件中都適用。

（一）盤查前警察的義務：

警察查證身分前，應該著制服或出示證件表明身分，並應告知人民事由。否則，不論警察要對人民查證身分、臨檢，甚至逮捕，都可以拒絕。（警察職權行使法第 4 條）

（二）警察作為要符合比例原則：

警察行使職權應符合比例原則（警察職權行使法第 3 條），所以如果警察只是要保護總統，阻止人民靠近的方法就可以達到目的，那麼警察就不可以把人民帶上車載到其他地方，也不可以阻止人民在原地手持標語呼口號。

（三）警察查證身分應告知事由：

警察要查證身分不可以毫無理由，警察職權行使法第 6 條有列舉身分查證的事由，搭配警察職權行使法第 4 條，警察應該告知查證的理由，而且不能只是條文內容的告知，警察應該告知的是，究竟有什麼客觀事實符合條文內容。例如，警察如以「合理懷疑其有犯罪之嫌疑或有犯罪之虞者」為理由，則可以要求其說明有何客觀事實讓警察合理懷疑、犯了什麼罪等。而且，人民可以異議，如果警察仍繼續執行，可以要求警察書面記載理由。

（四）依警察職權行使法第６條，警察能依法查證身分之理由進一步說明如下：

項目	條文內容	警察應說明之事由
1	合理懷疑其有犯罪之嫌疑或有犯罪之虞者。	●本項需有犯罪嫌疑或犯罪之虞，所以警察需要說明其認為被盤查之人民犯了什麼罪？沒有暴力行為，單純舉標語、呼口號、違反交通規則等都不是犯罪行為，集會遊行法只有首謀或者辱罵公務員才可能構成犯罪。警察需說明有什麼事證讓警察合理懷疑被盤查之人民有可能犯警察所說的罪名。
2	有事實足認其對已發生之犯罪或即將發生之犯罪知情者。	●關於犯罪部分同上，但警察需要進一步說明現場已經發生什麼犯罪，或者即將發生什麼犯罪。 ●警察需說明有什麼事證讓警察認為被盤查之人民對於上述犯罪知情。
3	有事實足認為防止其本人或他人生命、身體之具體危害，有查證其身分之必要者。	●警察需說明被盤查之人民的行為會造成誰的生命或身體危害。 ●警察需說明有何事證顯示被盤查之人民會造成上述危害。基本上只要沒有攜帶武器，就比較難構成本項。
4	滯留於有事實足認有陰謀、預備、著手實施重大犯罪或有人犯藏匿之處所者。	●重大犯罪基本上是指最輕本刑五年以上有期徒刑之罪（參考洗錢防制法、刑事訴訟法），所以集會遊行、沒有造成他人死亡的妨礙公務及妨害公眾往來等罪都不構成。 ●警察需說明重大犯罪的罪名以及有何客觀事證顯示該處所有重大犯罪或有人犯藏匿。
5	滯留於應有停（居）留許可之處所，而無停（居）留許可者。	●本條通常用於外籍人口，一般而言，我國人民在我國無需停留或居留許可。
6	行經指定公共場所、路段及管制站者。	●同條第２項規定該「指定」限於「防止犯罪，或處理重大公共安全或社會秩序事件而有必要者」。 ●警察需說明指定管制區的事由、範圍等。

（五）警察查證身分的方式：

警察查證身分的方式，主要是命人民出示身分證明文件，如果沒有帶身分證，可以以告知姓名、出生年月日、出身地、國籍、住居所及身分證統一編號之方式代替。如果警察仍有疑慮而要帶回警察局或派出所，人民可以表示異議，如果警察仍執意帶回，則人民可以請求警察書面記載理由。警察如要帶往警察局或派出所查證，從攔停開始起算，不可以超過三小時。並且可以要求通知親友及律師。警察可以搜身的情況限於「有明顯事實足認其有攜帶足以自殺、自傷或傷害他人生命或身體之物者」，所以警察如要搜身，一樣要請他說明依據什麼事證認為人民有攜帶自傷或傷害他人物品的情形。

排除王家
原地重建
KOMATSU

CA084

這裡原本是我家：士林王家都更抗爭告白

Home destroyed: The struggles against urban renewal

作者—王瑞霙
特約編輯—陳民傑
出版者—心靈工坊文化事業股份有限公司
發行人—王浩威　總編輯—王桂花
責任編輯—陳民傑、徐嘉俊　美術設計—黃子欽
通訊地址— 10684 台北市大安區信義路四段 53 巷 8 號 2 樓
郵政劃撥— 19546215　戶名—心靈工坊文化事業股份有限公司
電話— 02）2702-9186　傳真— 02）2702-9286
Email — service@psygarden.com.tw　網址— www.psygarden.com.tw

製版•印刷—中茂製版分色印刷事業股份有限公司
總經銷—大和書報圖書股份有限公司
電話— 02）8990-2588　傳真— 02）2290-1658
通訊地址— 248 台北縣五股工業區五工五路二號
初版一刷— 2015 年 4 月　ISBN — 978-986-357-027-1　定價— 480 元

國家圖書館出版品預行編目資料
這裡原本是我家：士林王家都更抗爭告白
/ 王瑞霙著 . -- 初版 . -- 臺北市：心靈工坊文化 , 2015.04
面；　公分
ISBN 978-986-357-027-1(平裝)

1. 都市更新

445.1　　104004055

支持居住正義

這裡原本是我家

王家私人土地

堅強起來，
才不至於
失去溫柔。

鴨霸都更強拆條款